Lothar Seiwert

Noch mehr Zeit
für das Wesentliche

Buch

»Keine Zeit! Keine Zeit!« Arbeit und Privates konkurrieren gnadenlos um jeden einzelnen Augenblick unserer knapp bemessenen Zeit. Wir hetzen von einer Verpflichtung zur nächsten und versuchen, aus jeder Stunde mindestens 66 Minuten herauszuholen. Dennoch läuft uns die Zeit einfach so davon und unsere Wünsche und Träume bleiben in der Hektik des Alltags auf der Strecke.

Erfahren Sie von Lothar Seiwert, dem führenden Experten für das neue Zeit- und Lebensmanagement, wie Sie das Beste aus Ihrer Zeit machen. Alle vorgestellten Strategien und Tipps sind einfach zu verstehen, schnell umsetzbar und dabei hoch wirkungsvoll. Nutzen Sie die komplett überarbeitete und aktualisierte Taschenbuch-Ausgabe des Bestsellers »Noch mehr Zeit für das Wesentliche«, um berufliche Spitzenleistungen und persönliche Lebensqualität in Einklang zu bringen.

Autor

Prof. Dr. Lothar Seiwert ist Europas führender und bekanntester Experte für das neue Zeit- und Lebensmanagement und zählt zu den gefragtesten Coaches und Keynote-Speakern. Seine Bestseller »Wenn du es eilig hast, gehe langsam« oder »Die Bären-Strategie« haben weltweit völlig neue Zeitmanagement-Trends ausgelöst. Mit seiner Heidelberger Firma *Seiwert Keynote-Speaker GmbH* konzentriert sich Lothar Seiwert voll und ganz auf seine Arbeit als Trainer, Redner und Buchautor. So ist er immer am Puls der Zeit, greift aktuelle Entwicklungen auf und wird auch in Zukunft weiter neue Maßstäbe in Sachen Zeit- und Lebensmanagement setzen.
www.Lothar-Seiwert.de

Lothar Seiwert

Noch mehr Zeit
für das Wesentliche

Zeitmanagement neu entdecken

GOLDMANN

Die Ratschläge in diesem Buch wurden vom Autor und vom Verlag sorgfältig erwogen und geprüft, dennoch kann eine Garantie nicht übernommen werden. Eine Haftung des Autors bzw. des Verlags und seiner Beauftragten für Personen-, Sach- und Vermögensschäden ist ausgeschlossen.

Verlagsgruppe Random House FSC-DEU-0100
Das für dieses Buch verwendete FSC-zertifizierte Papier
Eurobulk von Biberist liefert Papier Union.

3. Auflage
Überarbeitete und aktualisierte Taschenbuchausgabe Juli 2009
Wilhelm Goldmann Verlag, München,
in der Verlagsgruppe Random House GmbH
© 2006 by Heinrich Hugendubel Verlag, Kreuzlingen/München 2006
Alle Rechte vorbehalten
Umschlaggestaltung: Uno Werbeagentur, München
Umschlagmotiv: © Fine Pic, München/Susanne Kracht
Foto Umschlag hinten © Lothar Seiwert
Redaktion: Ruth Riedel/Claudia Franz, Coaching & More Ltd.
Satz: Uhl + Massopust, Aalen
Druck und Bindung: Těšínská Tiskárna, Český Těšín
MV · Herstellung: IH
Printed in the Czech Republic
ISBN 978-3-442-17059-3

www.goldmann-verlag.de

Inhalt

Mehr Zeit für das Wesentliche

Haben Sie einen Moment Zeit? Ich möchte Ihnen gerne die Geschichte von Michelangelos David erzählen. Zugegeben, die Geschichte ist nicht neu, aber ich finde sie immer wieder faszinierend.

Die berühmte Statue des David – kolossal und dennoch elegant – lockt bis heute unzählige Besucher aus aller Welt nach Florenz. Als der erst 25-jährige Michelangelo vor einem halben Jahrtausend gefragt wurde, wie es ihm gelungen sei, aus einem tonnenschweren kantigen Marmorblock diesen filigran anmutenden David zu meißeln, antwortete er: »Das war keine Kunst. David war schon da. Ich musste nur all das von dem Marmorblock entfernen, was nicht David war.«

Das Wesentliche freilegen – das also ist das Erfolgsgeheimnis von Michelangelo. Ein Erfolgsrezept, das uns dabei helfen kann, unserem Leben völlig neue Perspektiven zu geben. Wie stark der Wunsch ist, das Wesentliche zu entdecken und mehr Lebensqualität zu gewinnen, zeigt der Erfolg meines Buches Mehr Zeit für das Wesentliche. Seit seinem Erscheinen im Jahre 1982 begeisterte es mehr als eine halbe Million Leser und wurde so das Standardwerk für Zeitmanagement schlechthin. Allein in Deutschland erreichte es über 30 Auflagen, es wurde in 20 Sprachen übersetzt und in den USA mit dem renommierten Benjamin-Franklin-Preis für das beste Business-Buch ausgezeichnet.

Mit der Zeit gehen

Die *Konzentration auf das Wesentliche* für Erfolg und Erfüllung in unserem Leben ist zwar zeitlos, doch: Die Uhren drehen sich immer schneller. Sie bestimmen den rasanten Takt unseres Lebens. High Speed, Last Minute, Instant-Produkte, quick and easy – Autos und Züge fahren mindestens 200 Stundenkilometer, Flugzeuge bringen uns in wenigen Stunden vom einen Ende der Welt zum anderen, E-Mails werden in Lichtgeschwindigkeit um den Globus geschickt. Wir leben in einer hoch technisierten globalisierten Welt, die sich in rasender Geschwindigkeit weiterentwickelt.

Dieser *rasanten Entwicklung* muss natürlich auch ein Zeitmanagement-Standardwerk Rechnung tragen, es muss im wahrsten Sinne des Wortes mit der Zeit gehen. Oder anders ausgedrückt: Die Zeit war reif für Noch mehr Zeit für das Wesentliche. Vielleicht fragen Sie sich jetzt, warum ich ausgerechnet diesen Titel gewählt habe? Wie sollen wir »Noch mehr Zeit für das Wesentliche« gewinnen, wo wir doch eigentlich nie Zeit haben, wo uns die Zeit meist blitzschnell davonläuft?

Die Antwort ist einfach: Im Wettlauf mit der Zeit verlieren wir sehr schnell den Blick für das Wesentliche. Wir versuchen, noch schneller zu arbeiten, noch schneller zu leben, noch mehr Zeit zu sparen. Aber: Von all der Zeit, die wir mit hektischen Aktivitäten, eiligem Multitasking oder schonungsloser Mehrarbeit einsparen wollen, bleibt am Ende doch nichts übrig. Obwohl wir jede Sekunde unseres Tages und jeden Augenblick unseres Lebens verplanen, zerrinnt die Zeit uns zwischen den Fingern. Auf rätselhafte Weise werden die Tage immer kürzer und kürzer, unser Leben immer leerer und leerer.

Das Wesentliche entdecken

Ein Dilemma, dem wir nur entkommen können, wenn wir uns *wieder ganz bewusst auf das Wesentliche konzentrieren.* Im Gegensatz zur Zeit ist das Wesentliche nicht messbar. Es hat kein Gewicht, keine Einteilung. Das Wesentliche in unserem Leben geschieht, so könnte man meinen, ganz ohne unser Zutun. Doch das ist ein Irrtum. Allzu oft ist das Wesentliche unter einem riesigen Berg täglicher Termine und Verpflichtungen begraben oder geht in der Atemlosigkeit des Alltags einfach unter. Dann gilt es, das Wesentliche wieder zu entdecken und neu zu erobern.

Doch: *Das Wesentliche – was ist das überhaupt?* Das »Wesentliche« – hinter diesem Wort verbirgt sich der Begriff »Wesen«. Jedes Wesen, jeder Mensch ist einmalig, einzigartig. Jeder Mensch ist anders, und so ist auch das Wesentliche für jeden von uns etwas sehr Individuelles. Etwas, das unserem innersten Wesen entspricht. Deshalb geht es bei Noch mehr Zeit für das Wesentliche auch nicht in erster Linie um Zeitmanagement, um Prioritätenlisten oder Wochenpläne. Im Mittelpunkt dieses Buches stehen Sie. *Sie ganz persönlich* und Ihr Umgang mit der Zeit.

Betrachten Sie dieses Buch als Ihren persönlichen Coach, der Sie auf Ihrer Suche nach »Noch mehr Zeit für das Wesentliche« begleiten möchte. Nehmen Sie sich Zeit. Überfliegen oder lesen Sie die Texte nicht bloß. Beschäftigen Sie sich intensiv mit den verschiedenen Übungen, Checklisten und Tipps. Probieren Sie alles aus. Finden Sie Schritt für Schritt heraus, welche Wege Sie ganz persönlich zum Wesentlichen führen. Dabei hilft Ihnen die nachfolgende Grafik.

Endlos Zeit

Zeit ist weit mehr, als die Uhr anzeigt. Erinnern Sie sich doch wieder einmal an Ihre Kindheit. Kinder haben immer Zeit. Ihre Tage sind lang und erfüllt. Ihr Monat ist endlos. Das Jahr ewig. *Entdecken Sie Zeitmanagement ganz neu* – als Ihren Wegweiser zum Wesentlichen, zu mehr Zeit, zu mehr Glück und Lebensfreude.

Wenn Sie Ihren Blick wie Michelangelo auf das Wesentliche richten, dann wird Ihnen die Zeit nicht mehr einfach so zwischen den Fingern zerrinnen. Dann werden auch Ihre Tage wieder länger, erfüllter und reicher.

Könnte ich Sie am Ende von »Noch mehr Zeit für das Wesentliche« fragen: »*Haben Sie einen Moment Zeit?*«, dann würde ich mir wünschen, dass Ihre Antwort »Ja« lauten würde! »Ja, ich habe Zeit!«

Ihr

Lothar Seiwert
info@seiwert.de
www.seiwert.de
www.baeren-strategie.de

Inhalt und Aufbau des Buches

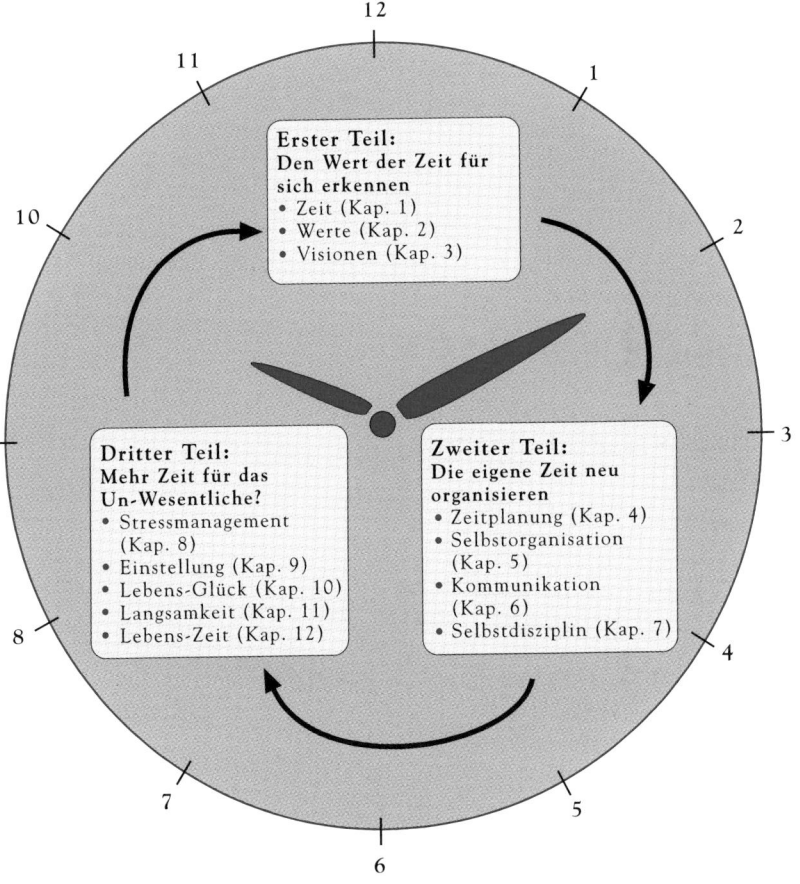

Erster Teil:
Den Wert der Zeit für sich erkennen
- Zeit (Kap. 1)
- Werte (Kap. 2)
- Visionen (Kap. 3)

Dritter Teil:
Mehr Zeit für das Un-Wesentliche?
- Stressmanagement (Kap. 8)
- Einstellung (Kap. 9)
- Lebens-Glück (Kap. 10)
- Langsamkeit (Kap. 11)
- Lebens-Zeit (Kap. 12)

Zweiter Teil:
Die eigene Zeit neu organisieren
- Zeitplanung (Kap. 4)
- Selbstorganisation (Kap. 5)
- Kommunikation (Kap. 6)
- Selbstdisziplin (Kap. 7)

ERSTER TEIL

Den Wert der Zeit für sich erkennen

Über 500 Jahre lang haben wir unseren natürlichen *Zeit-Rhythmus* der mechanischen Uhr und deren Zeitordnung unterworfen. Doch nun ist das *Last-Minute-Zeitalter* angebrochen, und wir gehen schnell noch einen Schritt weiter. Zeitgewinn, Zeitoptimierung, Zeitnutzung: In unserer hoch technisierten globalen Gesellschaft zählen weder Tag noch Nacht, weder Sonn- noch Feiertag, weder Privatleben noch Freizeit. Was zählt, ist allein die Knappheit unserer Zeit.

Wir betrachten die Zeit als Gegner und nicht als Verbündeten. Wir kämpfen gegen unsere innere Uhr, leben in der Zukunft und verschieben alle Wünsche und Hoffnungen auf später.

Aber: *Zeit* ist etwas, das man sich nehmen muss – hier und jetzt! Das kann nur gelingen, wenn wir Zeit nicht länger allein unter dem Aspekt des Mangels betrachten. Deshalb darf *Zeitmanagement* nicht dazu dienen, die Hetze in unserem Leben noch besser zu organisieren, die Verplanung unserer Zeit weiter zu optimieren oder lediglich Stress und Termindruck zu verwalten.

> »Es ist nicht wenig Zeit, die wir haben, sondern es ist viel Zeit, die wir nicht nützen.«
>
> *Seneca*

Nachhaltiges Zeitmanagement muss die Vielfalt der Zeit zulassen. Dabei sollten Innehalten und Abschalten allerdings nicht nur als Pausenfüller zwischen unseren hektischen Terminen und Verpflichtungen dienen. Langsamkeit, Trödeln und Müßiggang haben ihren ganz eigenen Wert. Und genau diesen Wert gilt es wiederzuentdecken.

Kapitel 1
Zeit: Was ist das?

Wenn wir frisch verliebt sind, verfliegt die *Zeit*, die wir mit dem Partner verbringen, im Nu. Aber die Minute, die wir wartend an der roten Ampel stehen, kommt uns wie eine Ewigkeit vor. Die Zeit scheint zu kriechen, wenn wir wünschen, sie möge schnell vorübergehen, und sie scheint sich zu verflüchtigen, wenn wir sie eigentlich möglichst lange auskosten möchten.

Warum das so ist? Ganz einfach: Zeit lässt sich objektiv messen – in Sekunden, Stunden, Jahren. Tagtäglich versuchen wir, sie in den Griff zu bekommen. Wir messen sie, teilen sie ein und verschwenden sie – doch letztlich beherrscht sie uns. Früher war für die Menschen Zeit das, was die Natur ihnen vorgab. Sie bestimmte den Takt ihrer Tage, Monate, Jahre. Sie lebten im Rhythmus der *Naturzeit*, nicht im Rhythmus der *Uhrzeit*. Aber: Die Zeiten haben sich geändert. Erdbeeren im Dezember, Frühlingsblumen im Januar – schon lange lassen wir den Dingen nicht mehr ihren natürlichen Lauf. Wir treiben sie an. Selbst die Reifezeiten von Früchten und Pflanzen wollen wir nicht mehr akzeptieren. Das Ergebnis schmecken wir beim Käse oder bei Tomaten – es schmeckt eben nicht.

> »Endlich weiß man, was Zeit ist: Solange man auch trödelt, es wird nicht früher.«
> *Günter Eich*

1. Immer erreichbar: Jederzeit und überall

Wir sind eine Gesellschaft, die es verlernt hat zu warten, die pausenlos aktiv ist. Die kleinsten Unterbrechungen – ob in der Kantine, bei Sportereignissen oder im Theater – werden zum Telefonieren oder zur Sichtung neu eingegangener Nachrichten genutzt.

Rund um die Uhr und beinahe an jedem Ort der Welt sind wir erreichbar. »Jederzeit und überall!« – so lautet das Motto unserer *Rund-um-die-Uhr-Gesellschaft.* Wir machen die Nacht zum Tag, und wenn unser Körper nicht mehr mitspielt, helfen wir mit Kaffee, Koffein-Drinks oder anderen Muntermachern nach. Einfach auch mal nicht erreichbar zu sein, ist in Zeiten von Mobiltelefonen, Laptops und E-Mails fast nicht möglich.

Schneller ist nicht immer besser!

Hektische Spurwechsel vor Supermarktkassen, gefährliche Überholmanöver auf dem Weg zur Arbeit: Alle beklagen sich über die *Hetze* – und alle produzieren sie. Für viele von uns ist der Tag eine einzige Rushhour. Wir gehen schnell mal was essen, wir tun noch kurz dies oder das und sollen alles sofort und gleich erledigen. Und: Wir freuen uns, wenn wir noch *schnell* mal jemanden hinter uns lassen – in der

> Streichen Sie alle Vokabeln, die Hektik in Ihr Leben bringen! Meiden Sie Wörter wie »schnell«, »sofort«, »kurz«, »gleich« oder »geschwind«.

Warteschlange vor dem Ticketschalter, an der Kino-Kasse, ja sogar im Fast-Food-Restaurant geht es uns immer noch nicht schnell genug.

Der ewige Zeitdruck treibt uns in die Raserei. Tempo beherrscht unser Leben. Wir glauben, alles müsse mit Höchstgeschwindigkeit vonstatten gehen: zu jeder Zeit, immer und überall.

Sind wir erst einmal vom Tempowahn befallen, beeilen wir uns ohne Sinn und Verstand. So hasten wir durch eine wichtige Besprechung oder erledigen unsere Arbeit im Eiltempo, um auch ja rechtzeitig fertig zu sein. Hinterher stellen wir dann oft fest, dass wir über der ganzen Hektik das Wichtigste vergessen oder einen dummen Flüchtigkeitsfehler gemacht haben – hätten wir uns doch nur mehr Zeit genommen!

Selbst-Check: Leben auf der Überholspur

Hektik, Stress, Zeitnot? Sind Sie vom allgegenwärtigen Tempowahn infiziert? Machen Sie den Test: Entscheiden Sie, was am ehesten auf Sie zutrifft:

	Meistens	Manchmal	Selten
Ich stehe ständig unter Anspannung und Zeitdruck.	❏	❏	❏
Ich versuche, möglichst mehrere Sachen gleichzeitig zu machen.	❏	❏	❏
Ich schaffe es fast nie, mein Tagespensum zu bewältigen.	❏	❏	❏
Ich nehme häufig unerledigte Arbeit mit nach Hause.	❏	❏	❏
Ich bin auch während des Urlaubs für Kollegen und Kunden erreichbar.	❏	❏	❏
Ich treibe andere häufig zur Eile an.	❏	❏	❏
Ich komme kaum dazu mir, regelmäßig Pausen oder längere Auszeiten zu gönnen.	❏	❏	❏
Ich fahre meistens zu schnell und wechsle häufig die Fahrspur.	❏	❏	❏
Ich habe neben meinem Job keine Energie mehr für andere Dinge.	❏	❏	❏

Ich bin sehr ungeduldig, wenn ich warten muss.	❏	❏	❏
Ich habe kaum noch Kontakt zu Freunden und Bekannten.	❏	❏	❏
Ich habe häufiger gesundheitliche Beschwerden.	❏	❏	❏
Ich habe Angst davor, mein Pensum nicht zu schaffen.	❏	❏	❏
Ich hetze mich oft ab, um Termine einzuhalten und Projekte fristgerecht abzugeben.	❏	❏	❏

Haben Sie alle Fragen ehrlich beantwortet? Dann schauen Sie sich bitte an, in welche Spalte Sie die meisten Kreuzchen gesetzt haben:

Überwiegend bei *selten*? Gratulation! Sie wissen: In der Ruhe liegt die Kraft.

Bewegen Sie sich vor allem bei *meistens* oder *manchmal?* Dann sind Sie – wie fast alle von uns – stark gefährdet, Opfer des Tempowahns zu werden. Und hier hilft nur eins: Kluges Zeitmanagement und ganz bewusst entschleunigen! Wie das geht? Schon einige kleine Tricks können hier sehr wirkungsvoll sein.

2. Multitasking: Schnelle Zeit-Verdichtung

Viele Menschen versuchen, dem Zeitdruck zu begegnen, indem sie möglichst viele Dinge gleichzeitig machen – *Zeit-Verdichtung* durch *Vergleichzeitigung*. Die Vielfalt des Gleichzeitigen ist grenzenlos: Längst haben wir uns an jene Nachrichtensender gewöhnt, die neben verbalen Informationen ständig die Uhrzeit einblenden und darüber hinaus auch noch zwei rasch laufende Infobänder mit neusten Katastrophenmeldungen oder aktuellen Börsenkursen präsentieren.

High-Speed-Internet im Hochgeschwindigkeitszug oder Telefongespräche bei Tempo 180 auf der Autobahn – Autos, Züge oder Flugzeuge dienen uns nicht mehr nur als schnelle Fortbewegungsmittel. Sie sind zu Zweitbüros geworden, in denen wir arbeiten, online sein oder telefonieren können.

Nebenher und nebenbei

Wer sich nur auf eine einzelne Sache konzentriert, erscheint uns geradezu suspekt. Arbeitskollegen, die sich voll und ganz einem Projekt widmen und nicht bereit sind, uns mal schnell zwischendurch einen kleinen Gefallen zu tun, halten wir für faul und unkollegial. Leute, die einfach nur im Flugzeug sitzen oder einfach nur so im Park spazieren gehen,

> Multitasking ist nur ein rasanter Wechsel zwischen verschiedenen Aufgaben. Das überfordert unser Gehirn, sorgt für Fehler und mindert unsere Effektivität.

ohne Walkman, Handy und Co., werden argwöhnisch beäugt. Kein Wunder, denn solche Menschen gehören einer immer kleiner werdenden Minderheit an.

Unterstützt werden wir in unserem gleichzeitigen Tun durch allerlei praktische technische Neuerungen. Schon lange geben wir uns nicht mehr mit Kaffeemaschinen zufrieden, mit denen man nur Kaffee kochen kann. Nein, es darf schon etwas mehr sein: Quick and easy bereiten wir Cappuccino oder heiße Schokolade zu. Und auch ein Drucker, der nur drucken kann, genügt ganz und gar nicht mehr unseren Erwartungen: drucken, faxen, kopieren und scannen – alles natürlich gleichzeitig – sollte so ein Gerät heutzutage schon können. Wunderbare Welt der Multifunktionsgeräte, die uns ungeahnte Möglichkeiten der Vergleichzeitigung eröffnen!

Eines nach dem anderen?

Für unsere Kinder ist Gleichzeitigkeit etwas völlig Normales. Sie wachsen in eine Gesellschaft hinein, in der *Vergleichzeitigung* ganz selbstverständlich ist. Das beginnt schon beim Frühstück: Auf der Cornflakes-Packung finden sie neben schmackhaften Zubereitungsanleitungen auch noch etliche praktische PC-Tipps.

So auf den vergleichzeitigten Tag vorbereitet, gelingt es ihnen völlig problemlos, im Schulbus per Knopf im Ohr ihre Lieblingssongs zu hören, dabei eine SMS zu verschicken, noch schnell die Mathe-Hausaufgaben abzuschreiben und zugleich auch noch den Fahrausweis vorzuzeigen.

Zeit-Vielfalt statt Mangel

Natürlich macht es oftmals durchaus Sinn, mehrerer Dinge parallel zu erledigen: So kann man Huckepack-Aufgaben wunderbar kombinieren und jede Menge Zeit sparen. Sie können auch problemlos Ihre Jogging-Schleifen im Park drehen und gleichzeitig ein gutes Hörbuch genießen oder sich auf dem Heimtrainer abstrampeln und dabei ein Buch lesen. Und: Es spricht auch nichts dagegen, beim Fernsehen zu bügeln. Zum Problem wird die Gleichzeitigkeit jedoch, wenn wir ständig viel zu viel auf einmal tun.

Permanent multifunktional

Stets auf dem Sprung, *immer erreichbar* – dabei bleiben wir früher oder später auf der Strecke. Wir geraten aus dem Takt und verlieren die *Balance* von Arbeit und Freizeit, Familie und Beruf, von Öffentlichem und Privatem. Im hektischen Fluss der Zeit zerfließen die Grenzen zwischen Anspannung und Entspannung, zwischen Muss und Muße.

Dabei war es früher ganz normal, Berufliches und Privates als Einheit zu betrachten. Bauern molken Kühe, mähten

Wiesen, erzählten ihren Kindern zwischendurch Geschichten und musizierten abends gemeinsam. Pflicht und Vergnügen ergänzten sich wunderbar zu einem harmonischen Tag. Heute nennen wir dies *Work-Life-Balance*, etwas, das wir in unserer schnelllebigen Zeit erst wieder mühsam lernen müssen.

Work-Life-Balance lebt von der Konzentration auf das Wesentliche, von der Langsamkeit, vom Tiefgang. Viele Dinge lassen sich jedoch nicht grenzenlos beschleunigen oder vergleichzeitigen. Niemand kann alles leben, alles machen, alles haben.

Es gilt also, ganz bewusst innezuhalten und auszuwählen, womit wir unsere Zeit verbringen – oder eben nicht!

3. Alles im Gleichgewicht: Leben in Balance

Erfolg im Beruf, ein glückliches Familienleben, viele Freunde und einen durchtrainierten Körper: Wir alle träumen von einem ausgewogenen Leben, von der gelungenen Mischung aus Arbeit und Freizeit, aus Spaß und Pflicht, aus Gasgeben und Faulsein. Doch die Realität sieht leider ganz anders aus. Überstunden, Wochenendarbeit und der ständige Drahtseilakt zwischen Job und Privatleben: Viele Menschen haben das Gefühl, dass ihr Leben nicht erfüllt, sondern überfüllt ist. Unter einem Berg von Verpflichtungen erstickt sämtliche Lebensfreude.

Organisationstalent und Zeitmanagement sind also dringend gefragt. Doch: Dazu genügen weder der Kauf eines Zeitplaners noch der Vorsatz, sich mehr Zeit für sich selbst zu nehmen. Vielmehr gilt es, den eigenen Rhythmus, das eigene Tempo zu finden. Denn: Zeit ist das kostbarste Gut, das wir besitzen. *Zeit ist Leben!*

Das Zauberwort heißt Work-Life-Balance

Haben Sie schon einmal darüber nachgedacht, warum immer mehr Menschen sich Auszeiten im Kloster gönnen? Warum die Wellness-Branche boomt? Ganz einfach: »Balancing Your Professional and Personal Life!« Das ist ihre Zauberformel. Der Schlüssel für beruflichen Erfolg und ein erfülltes Privatleben liegt nach Seiwert/Peseschkian (www.wiap.de) in der *ausgewogenen Balance* zwischen den vier Bereichen, die unser Leben ausmachen:

> Gleichgewicht halten ist die erfolgreichste Bewegung im Leben.
> *Friedl Beutelrock*

- **Familie und soziale Kontakte**
  Familie, Partnerschaft, Freunde, Liebe, Zuwendung, Anerkennung
- **Beruf und Leistung**
  Erfolg, Karriere, Geld, Wohlstand
- **Gesundheit**
  Ernährung, Erholung, Entspannung, Fitness
- **Sinn und Werte**
  Selbstverwirklichung, Erfüllung, Religion, Philosophie, Zukunftsfragen

Das macht das Leben aus

Arbeit, Körper, Beziehungen, Sinn: Sind diese Bereiche nicht im Gleichgewicht, kippt alles in eine Richtung – und irgendwann stürzt man ab. Deshalb sollten wir lernen, jedes einzelne Element zu genießen. Halten Sie es wie der lebenskluge Käpt'n Blaubär, und fragen Sie sich: Alles im Lot auf dem Boot? Alles in Balance in meinem Leben?

1. Familie und soziale Kontakte

Hetze und Druck im Job führen häufig dazu, dass wir unser Privatleben vernachlässigen. Für Familie, Partnerschaft oder Freunde bleibt uns meist nur sehr wenig Zeit. Doch: Wenn sich alles nur um den Job dreht, dann ist man ganz schnell frustriert und ausgepowert! Deshalb ist es wichtig, dass wir unsere sozialen Kontakte pflegen.

2. Beruf und Leistung

Kein geregelter Tagesablauf, Wochenendarbeit und berufliche Verpflichtungen nach Dienstschluss: Überstunden und Stress im Job sind längst nicht nur für Unternehmer und Manager an der Tagesordnung. Zeit- und Leistungsdruck gehören für die meisten Beschäftigten ganz einfach zum Arbeitsalltag. Denn: Oft wird beruflicher Erfolg mit Erfolg im Leben gleichgesetzt. Dafür nimmt man die Überbetonung dieses Lebensbereiches gerne in Kauf. Doch: Die anderen Bereiche leiden darunter – ganz zwangsläufig.

3. Gesundheit

»Wer keine Zeit für seine Gesundheit aufwendet, wird eines Tages viel Zeit für seine Krankheiten aufwenden müssen!«, sagt ein englisches Sprichwort. Leider merken viele erst, wenn sie krank werden, wie wichtig Gesundheit eigentlich ist. Deshalb sollten wir Arbeitsüberlastung und Stress gezielt entgegentreten und etwas für unsere Gesundheit tun, bevor es zu spät ist.

4. Sinn und Werte

Die Beschäftigung mit Sinn und Werten ist weit mehr als nur ein Zeitvertreib – sie hilft uns, unsere Zufriedenheit und Leistungsfähigkeit zu bewahren. Denn: Wenn wir das, was wir in den anderen drei Lebensbereichen tun, als sinnlos empfinden, wird unser Leben bald öde und leer. Irgendwann fragen wir uns dann: »Was soll das Ganze überhaupt? Wozu rackere ich mich Tag für Tag ab?« Wir sehen keinen Sinn in unserem Tun und sind antriebslos. Mittlerweile setzen immer mehr Menschen ein sinnerfülltes Leben auf ihrer Work-Life-Balance-Skala ganz weit nach oben.

Alles zu seiner Zeit

Natürlich kann man das Balance-Problem nicht einfach rechnerisch lösen – frei nach der Formel: »100 geteilt durch die Anzahl der Lebensbereiche ergibt vier gleiche Teile zu genau 25 Prozent.«

In manchen Lebensphasen ist es notwendig, dass wir uns auf einen bestimmten Sektor konzentrieren. Das gilt zum Beispiel für die Phase des Berufseinstieges oder bei einem Stel-

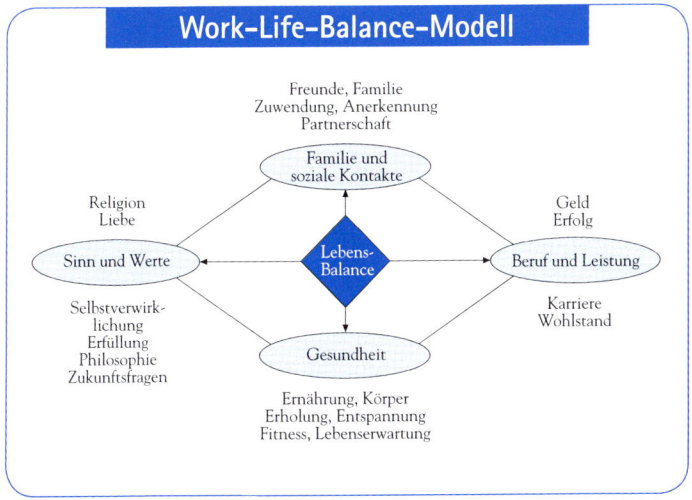

lenwechsel. Hier müssen wir den Fokus ganz einfach in Richtung Beruf und Leistung verschieben. Ähnliches passiert, wenn wir Nachwuchs erwarten und unsere ganze Aufmerksamkeit automatisch dem Bereich Familie gehört. Jeder Lebensabschnitt verlangt nach anderen Prioritäten.

Lebensbalance bedeutet nicht, dass wir versuchen, tagtäglich ein exaktes Gleichgewicht zwischen allen vier Lebensbereichen herzustellen. Doch: Ist erst einmal über einen längeren Zeitraum ein starkes Ungleichgewicht in ein oder zwei Lebensbereichen eingetreten, läuft auch der Rest ganz schnell aus dem Ruder:

- Ein Zuviel im Bereich »Beruf und Leistung« kann zu gravierenden gesundheitlichen Störungen, zu Konflikten im Familien- und Freundeskreis oder sogar zu schweren Sinnkrisen und Depressionen führen.

- Niemand kann über längere Zeit seine Ernährung und seine sportlichen Aktivitäten vernachlässigen, ohne seine körperliche Leistungsfähigkeit nachhaltig zu beeinträchtigen. Mangelt es jedoch an Fitness, ist man auch beruflich nicht voll leistungsfähig, und darunter leidet dann wieder das Privatleben.

- »Was gibt meinem Leben Sinn?« – eine wichtige Frage. Und dennoch: Wenn man einzig und allein nach dem Sinn des Lebens sucht oder sich permanent auf dem Bewusstseinserweiterungs-Trip befindet, kann man schnell in einer dunklen Sackgasse oder bei einer dubiosen Sekte landen.

Kein Bereich sollte so hoch angesiedelt werden, dass es daneben nichts anderes mehr gibt. Es geht nicht um ein Entweder-Oder, sondern um das *ausgewogene Nebeneinander* aller Bereiche. Wenn wir im Zusammenspiel aller Bereiche das ideale Gleichgewicht erreichen wollen, müssen wir unsere Zeit und Energie ganz gezielt einsetzen.

Selbst-Check: Alles im Lot?

Sind Sie in Balance? Dieser kleine Test hilft Ihnen, das ganz schnell herauszufinden. Nehmen wir einmal an, die Summe aller vier Lebensbereiche beträgt 100 Prozent. Betrachten Sie nun Ihre derzeitige Lebenssituation und teilen Sie die 100 Prozent möglichst schnell auf die vier Lebensbereiche auf. Ganz wichtig: Gehen Sie nicht von Ihrer Wunsch-Situation, sondern von der Realität aus. Und: Seien Sie spontan!

Wie viel Prozent Ihrer Zeit, Ihrer Energie und Aufmerksamkeit widmen Sie dem Bereich *Beruf und Leistung?* _____ %

Wie viel Prozent reservieren Sie für *Kontakte* und *private Beziehungen?* _____ %

Wie viel Prozent investieren Sie in Ihren *Körper* und Ihre *Gesundheit?* _____ %

Wie viel Prozent räumen Sie der Beschäftigung mit *Sinn- und Zukunftsfragen* ein? _____ %

Ist bei Ihnen alles im Lot? Nein! Dann sind Sie keine Ausnahme! Bei den meisten von uns ist das Verhältnis zwischen Berufs- und Privatleben völlig aus dem Gleichgewicht geraten. So sind Werte um die 50, 60 oder sogar 70 Prozent im Sektor Beruf und Leistung absolut keine Seltenheit. Doch: Leben ist weit mehr als nur Arbeit! Die massive Überbetonung des Leistungsbereiches führt automatisch zu Problemen in den anderen, nicht weniger wichtigen Bereichen. Höchste Zeit also, alle Lebensbereiche in Balance zu bringen und das Gleichgewicht auch zu halten.

Was ist mir wichtig?

Es gibt kein Patentrezept für Work-Life-Balance. Jeder muss seine *ganz persönliche Wohlfühl-Balance* selbst finden. Der erste Schritt dazu ist, ehrlich Bilanz zu ziehen. Dazu gibt es einen ganz einfachen Trick. Gehen Sie alle vier Lebensbereiche durch und stellen Sie sich zu jedem Bereich zwei Fragen:

1. Wie viel Zeit und Energie kostet mich dieser Bereich?
2. Wie viel Zeit und Energie hätte ich gerne für diesen Bereich?

Arbeit und Freizeit, Familie und Beruf, Zielstrebigkeit und Experimentierfreude, Gasgeben und Faulsein: Betrachten Sie all diese Dinge nicht als Gegensätze, sondern als zwei Seiten einer Medaille. Beide sind gleich wichtig. Denn: *Balance hat viele Gesichter.*

Balance für den Job

7-Tage-Woche?

Gönnen Sie sich mindestens einen wirklich *freien Tag* in der Woche. Wenn Sie diesen Ruhetag schon im Voraus einplanen, können Sie mit gutem Gewissen relaxen.

Nicht übertreiben!

Natürlich sind neue berufliche Herausforderungen toll! Aber: Wenn Sie zusätzliche Aufgaben übernehmen, dann sollten Sie sich dafür von alten Verpflichtungen trennen. Überlegen Sie, welche Tätigkeiten Sie anderen übertragen können. Ein simpler Tipp lautet: *Muten Sie sich nicht so viel zu!*

Selbst-Check: Balance in Gefahr?!

Wenn sich die folgenden Symptome bei Ihnen häufen, dann heißt es: Achtung! Ihre Work-Life-Balance ist ernsthaft in Gefahr!

Überlastung

Bei Ihnen türmen sich die unerledigten Aufgaben. Überstunden sind an der Tagesordnung und auch am Wochenende haben Sie nicht wirklich frei.

Stress

Sie leiden häufig unter Magen-, Rücken- oder Kopfschmerzen. Sie schlafen schlecht und finden keine Entspannung.

Burn-out

Sie können sich zu nichts, aber auch gar nichts aufraffen. Das Leben macht Ihnen kaum noch Freude. Sie fühlen sich ständig überfordert und fragen sich, wozu Sie das alles machen.

Beziehungskrise

Sie definieren Ihr Leben ausschließlich über Ihren Beruf. Sie haben keine persönlichen Ziele. Ihre Beziehung steht kurz vor dem Aus.

Keine Freunde und Bekannte

Ihre Freunde und Bekannten haben Sie schon seit einiger Zeit nicht mehr gesehen. Sie sind nach der Arbeit einfach zu geschafft, um noch etwas zu unternehmen.

Mangelhaftes Zeitmanagement

Sie können keine persönlichen Prioritäten setzen. Sie arbeiten fast immer unter Zeitdruck und fühlen sich fremdbestimmt.

Balance-Pausen

Pausen sind keine Zeitverschwendung, sondern wichtig, um *neue Energie* zu tanken. Legen Sie nach 60, spätestens nach 90 Minuten eine kleine Pause ein. Finden Sie Ihren ganz persönlichen Pausenrhythmus und starten Sie dann wieder voll durch!

Balance-Kicks

Sorgen Sie dafür, dass Sie *Spaß an Ihrer Arbeit* haben. Wie das geht? Ganz einfach: Integrieren Sie kleine Balance-Kicks in Ihren Arbeitsalltag. Belohnen Sie sich mit einer Tasse Tee, wenn Sie eine Aufgabe schneller als geplant erledigt haben. Oder gönnen Sie sich einen frühen Feierabend, wenn Sie ein wichtiges Projekt erfolgreich abschließen konnten.

Privatleben in Balance
Bewusst abschalten!

Wochenende und Feierabend sind wichtige *Ruhe-Oasen.* Aber:

Oft ist es gar nicht so leicht, abzuschalten und den Job zu vergessen. Bei vielen arbeitet der Kopf in der freien Zeit auf Hochtouren weiter. Deshalb sollten Sie in der Freizeit alles meiden, was Sie an Ihre Arbeit erinnert. Schalten Sie Ihr Handy ab und verzichten Sie darauf, Ihre Mails zu checken. Sie werden sehen: Ausgeruht und gut erholt lassen sich Ihre Job-Probleme viel leichter lösen.

Privates Zeitmanagement

Nehmen Sie Ihre privaten Termine genauso ernst wie wichtige Business-Verabredungen. *Blocken Sie Ihre privaten Termine* fest in Ihrem Kalender. Egal, ob das Tennismatch mit Ihrer besten Freundin, das Fußballspiel mit den Kindern oder der Besuch im Fitness-Studio: Halten Sie diese Termine genauso gewissenhaft ein wie Ihre geschäftlichen Verpflichtungen.

Freundschaften in Balance

Haben auch Sie das Gefühl, Ihre Freunde viel zu selten zu treffen? Kein Wunder! Manchmal ist es ganz schön schwierig, alle Termine unter einen Hut zu bringen. Ein *Jour fixe* macht die Kontaktpflege leichter. Reservieren Sie einfach einen festen Tag im Monat für Ihre Freunde. Treffen sich immer am ersten Samstag des Monats in Ihrem Lieblingslokal oder gönnen Sie sich am letzten Monats-Wochenende einen kleinen Ausflug.

Wochenende in Balance

Samstags in Deutschland: Statt sich zu erholen, quälen sich die meisten von uns mit *Wocheneinkauf und Hausputz* ab. Versuchen Sie, Einkäufe, Hausarbeit und Co. über die ganze Woche verteilt abzuarbeiten. Erledigen Sie jeden Tag nach Feierabend eine Kleinigkeit. Heute saugen, morgen einkaufen, übermorgen Altpapier wegbringen. So gehört das Wochenende wirklich Ihnen!

Körper in Balance

Get Rhythm

Jeder Mensch tickt anders. Jeder hat seinen eigenen Biorhythmus, also Zeiten, in denen er mehr Leistung bringen kann, und Zeiten, in denen er weniger zu leisten vermag. Wenn wir über der alltäglichen Routine den Takt unserer inneren Uhr ignorieren, verlieren wir viel Zeit und Energie. *Nutzen Sie Ihre Hochphasen*, dann gehen Ihnen auch schwierige Aufgaben leicht von der Hand.

Auf seinen Körper hören

Regelmäßige Befindlichkeitsstörungen sind eindeutige Warnsignale, dass Sie etwas verändern müssen. *Kümmern Sie sich um Ihre Gesundheit,* bevor der Körper nicht mehr mitspielt. Denn: Sonst kann es vielleicht zu spät sein.

Bewegter Job

Auch im Job gibt es viele Möglichkeiten, *in Bewegung zu bleiben.* Fahren Sie mit dem Rad zur Arbeit oder steigen Sie eine Haltestelle früher aus dem Bus und gehen die letzten Meter zu Fuß. Lassen Sie in der Firma den Aufzug links liegen und nehmen Sie lieber die Treppe. Telefonieren Sie im Stehen und lesen Sie im Gehen. Stellen Sie Drucker und Kopierer in einen anderen Raum. Oder gehen Sie persönlich bei Ihren Kollegen vorbei, statt sie anzurufen oder Mails zu schicken.

Bewegter Feierabend

Lassen Sie sich nach Feierabend nicht einfach immer auf die Couch fallen. Nach einem stressigen Acht-Stunden-Tag ist ein Work-out das Beste. Beim Sport werden auch die letzten Winkel des verspannten Körpers mit frischem Sauerstoff versorgt. Die Muskulatur wird gelockert und man kommt auf andere Gedanken. Seien Sie vorbereitet für *Spontanaktionen:* Wer eine frisch gepackte Sporttasche im Kofferraum oder Büro deponiert, kann ganz unkompliziert loslegen.

Sinn und Werte in Balance

Was macht Sinn?

Haben Sie schon einmal in Ruhe überlegt, was Ihrem Leben Sinn gibt? Wissen Sie, was *Ihr Dasein so wert-voll macht?* Nehmen Sie sich Zeit, genau das herauszufinden.

Was ist Erfolg?

Für den einen ist Erfolg der schnelle Aufstieg in die Chefetage, für den anderen ist es der größte Erfolg, viel Zeit mit seiner Familie zu verbringen. Erfolg hat für jeden einen ganz anderen Wert. Und: Erfolg ist weit mehr als Geld und Karriere. Erfolg ist Glück, Freiheit, Freizeit, Lachen, Liebe. Lassen Sie sich nicht von anderen unter Erfolgsdruck setzen. *Legen Sie Ihre ganz eigenen Erfolgsmaßstäbe fest.*

Werte neu definieren

Fleiß, Ehrgeiz, Leistungswille – all das sind sicherlich keine falschen Werte. Aber: Auch *Faulheit und Entspannung* können wert-voll sein. Denn: Nur wer die richtige Dosis Faulheit in sein Leben integriert, findet Zufriedenheit, Kreativität und Glück. *Entdecken Sie völlig neue Werte* – abseits aller gängigen Wertvorstellungen.

Balance braucht Zeit

Ein Leben in Balance – das erreicht man nicht von heute auf morgen. Es genügt nicht, Berufs- und Privatleben einfach nur terminlich aufeinander abzustimmen. Es geht nicht um Quantität, sondern um *Qualität, um Lebensqualität.* Und Lebensqualität, das bedeutet für jeden etwas völlig anderes. Also, machen Sie sich auf die Suche und vergessen Sie nicht: Balance zu finden heißt, sich selbst zu finden.

4. Immer beschäftigt: Einfach keine Zeit!?

»Es gibt Diebe, die nicht bestraft werden und dem Menschen doch das Kostbarste stehlen: die Zeit.«
Napoleon I.

»Dafür habe ich einfach keine Zeit!« Ganz ehrlich – wie oft haben Sie das in den letzten Wochen und Monaten gesagt? In Wahrheit haben Sie natürlich nicht zu wenig Zeit, sondern einfach *zu viel zu tun.*

Nur Sie ganz allein bestimmen, ob Sie unter Zeitmangel leiden oder *Zeit im Überfluss* genießen können! Der erste Schritt zu einem besseren Umgang mit Ihrer Zeit ist, herauszufinden, wie und womit Sie Ihre Zeit verbringen.

- Finden Sie heraus, welche Ihrer Aktivitäten die meiste Zeit beanspruchen.
- Fragen Sie sich, ob Sie auch weiterhin bereit sind, für diese Aktivitäten so viel Zeit aufzuwenden.
- Prüfen Sie, ob und wo Sie Zeitreserven haben, die Sie für andere Dinge nutzen möchten.
- Halten Sie auch fest, welche Arbeiten Ihnen besonders viel Mühe bereiten. Überlegen Sie: Welche dieser Arbeiten könnten Sie abgeben und dafür etwas tun, das Ihnen leichter von der Hand geht?

Begeben Sie sich auf die Suche nach der verlorenen Zeit. Wie das geht? Ganz einfach: Erstellen Sie ein *Zeitprotokoll*. Schreiben Sie eine Woche lang auf, womit Sie Ihre Zeit füllen. Minutiös – vom Aufstehen bis zum Schlafengehen. Wichtig ist, dass Sie eine ganz »normale« Woche protokollieren. Legen Sie Ihr persönliches Zeittagebuch an. Zugegeben, das ist ein bisschen Arbeit, aber es lohnt sich! Sie werden sehr schnell herausfinden, wofür Sie besonders lange brauchen und was viel schneller geht, als Sie gedacht haben. Sie lernen, Zeit besser einzuschätzen. Und vor allem: Sie kommen Ihrer Zeit auf die Spur.

Mein persönliches Zeittagebuch: vom _____

Zeit	Montag	Dienstag	Mittwoch

bis _____

Donnerstag	Freitag	Samstag	Sonntag

Zeit-Bilanz ziehen

Wenn Sie eine Woche lang aufgeschrieben haben, womit Sie Ihre Zeit verbringen, dann sollten Sie jetzt Ihr Zeittagebuch analysieren: Schauen Sie sich die Aufzeichnungen an und bewerten Sie Ihre Einträge mit einem ☺ Lach- oder ☹ Schmollgesicht

»Das Lächeln, das Du aussendest, kehrt zu dir zurück!«, lautet ein indisches Sprichwort. Und genau dieses Motto sollten Sie auch bei Ihrer Zeitplanung beherzigen.

☺ Trug Ihr Zeitprotokoll überwiegend ein Lächeln? Wenn nicht, nehmen Sie sich mindestens ein oder zwei Dinge vor, die Sie ab sofort abändern werden.

Raus aus der Routine!

Ein Zeitprotokoll eignet sich hervorragend, um die alltägliche Routine einmal genau unter die Lupe zu nehmen. Denn: Bei

---

Quick-Test: Das Wesentliche im Blick?

Auch ohne Zeitprotokoll sollten Sie Ihren Umgang mit der Zeit regelmäßig überprüfen. Dazu reicht es schon, wenn Sie sich die folgenden drei Fragen stellen:

1. Was habe ich heute getan?
2. Was würde ich weglassen, wenn ich nur die Hälfte der Zeit zur Verfügung hätte?
3. Was passiert, wenn ich einige Dinge nicht erledige?

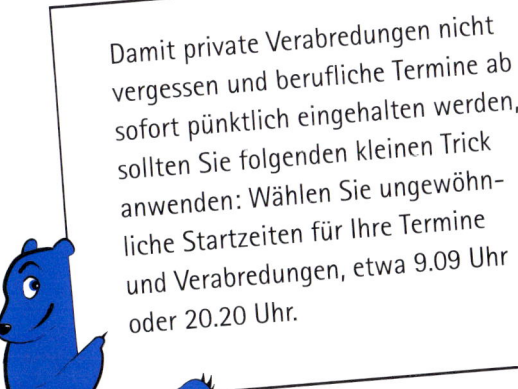

Damit private Verabredungen nicht vergessen und berufliche Termine ab sofort pünktlich eingehalten werden, sollten Sie folgenden kleinen Trick anwenden: Wählen Sie ungewöhnliche Startzeiten für Ihre Termine und Verabredungen, etwa 9.09 Uhr oder 20.20 Uhr.

allen Vorteilen, die uns eine gewisse Routine im Alltag bietet, ist die Gefahr groß, hier in echte Zeitfallen zu tappen – und es nicht einmal zu merken! Nehmen Sie sich also Zeit, um Ihre gewohnten Abläufe einmal auf Herz und Nieren zu prüfen. Arbeitsorganisation, Wocheneinkauf oder überflüssige Pflichttermine – Sie werden erstaunt sein, wie viele *Zeitreserven* sich hinter der Routine des Alltags verstecken!

Mein Tipp: Meist erledigen wir Routinearbeiten *schnell und oberflächlich*. Versuchen Sie doch einmal, unliebsame Arbeiten mit Muße zu erledigen. Fegen Sie beim Staubwischen nicht blitzschnell über die Regale. Halten Sie inne, schließen Sie die Augen und kehren Sie in Gedanken an den Strand zurück, an dem Sie im Sommer die Muscheln gesammelt haben.

Haltet den (Zeit)-Dieb!

Hier ein Telefonat, dort eine kurze Mail und schnell noch eine Mini-Besprechung: Wir alle kennen sie, diese kleinen Zeitfresser, die uns Stunde um Stunde unserer wertvollen Zeit stehlen. Und: Die meisten von uns wissen im Grunde genommen auch, wie sie ihnen den Garaus machen können. Doch: Was ist mit den alltäglichen Übeltätern, etwa den »Verschleißern«? Kaputte Glühbirnen, die uns immer wieder aufs Neue den Gang in den Keller erschweren, stumpfe Messer, die das leckere Stück Käse masakrieren. Jeder dieser kleinen Missstände wäre eigentlich sehr schnell behoben, doch lieber lassen wir es schleifen und ärgern uns tage- oder sogar wochenlang darüber.

Vielleicht tappen Sie auch gerne in die *Kost-Fast-Nix-Falle*: Das preiswerte Bügeleisen, das ewig nicht richtig heiß wird, sodass Sie wesentlich länger für Ihre Bügelwäsche brauchen. Oder das Handwerkszeug vom Discounter, das den ersten Einsatz nicht übersteht, sodass es trotz langer Aufbauversuche nichts wird mit dem neuen Schuhregal und Sie weiterhin über Sneakers und Co. stolpern. Machen Sie Schluss damit!

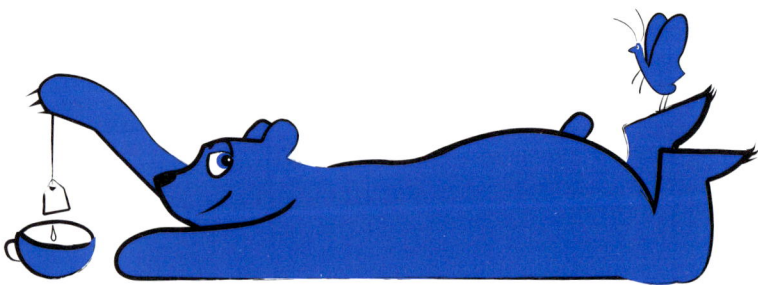

Selbst-Check in Sachen Zeit-Fallen

Ein kritischer Blick auf unseren Alltag zeigt, dass die meisten von uns überlastet sind. Obwohl wir uns den ganzen Tag über abrackern, wissen wir abends oft nicht, was wir eigentlich getan haben. Wir haben zwar viel gearbeitet, aber die wirklich wichtigen Dinge sind wieder einmal liegen geblieben.

Vielleicht Sind Sie ja in eine der folgenden Zeit-Fallen getappt?

☺ ☹ Lach- oder Schmollgesicht? Bitte einfach ankreuzen:

Sind Sie nicht optimal organisiert und haben keinen Tagesplan?   ☺   ☹

Versuchen Sie, zu viel auf einmal zu tun?   ☺   ☹

Setzen Sie keine klaren Prioritäten?   ☺   ☹

Lassen Sie sich leicht ablenken?   ☺   ☹

Fällt es Ihnen schwer, Aufgaben an andere abzugeben?   ☺   ☹

Schieben Sie Unangenehmes lange vor sich her?   ☺   ☹

Planen Sie zu wenig Zeit für Unvorhergesehenes ein?   ☺   ☹

Können Sie nicht oder nur schlecht Nein sagen?   ☺   ☹

Wollen Sie immer alles perfekt erledigen?   ☺   ☹

Gönnen Sie sich zu wenige Erholungspausen?   ☺   ☹

Erwischt? Keine Sorge, mit etwas Training werden Sie Zeit-fallen zukünftig ganz elegant umgehen und so jede Menge Zeit für sich und die Dinge, die Ihnen wichtig sind, gewinnen. Überlegen Sie:

- Welchen Zeitdieb wollen Sie sich als Erstes vornehmen?
- Welche Gewohnheiten hindern Sie daran, Zeitdiebe konsequent auszuschalten?

Ganz wichtig: *Überfordern Sie sich nicht.* Sie können nicht allen Zeitfressern gleichzeitig das Handwerk legen. Betrachten Sie jeden einzelnen Zeitdieb als Mini-Projekt zur Zeitersparnis. Gehen Sie die Dinge Schritt für Schritt und in Ruhe an. Prioritäten setzen, Delegieren, Zielplanung, Nein-Sagen: Das alles ist eigentlich nur eine Frage der richtigen Methodik. Und genau die lernen Sie in diesem Buch kennen.

> »Aufschub heißt der Dieb der Zeit.«
> *Edward Young*

Zeitdiebe im Griff?

Wenn Sie Ihre Zeitdiebe im Griff haben, dann sollten Sie die gewonnene Zeit für mehr Lebensqualität, Erholung und Muße nutzen. Denken Sie sich vier schöne Dinge aus, die Sie tun würden, wenn Sie mehr Zeit hätten.

Das gönne ich mir:

☺ _____

☺ _____

☺ _____

☺ _____

Tragen Sie die Dinge, die Sie am liebsten tun würden, als festen Termin in Ihren Kalender ein. Ganz wichtig: Jede Woche sollte mindestens einen kleinen *Glückspunkt* enthalten, denn oftmals sind es gerade die kleinen Dinge, die uns besonders erfreuen – der Cappuccino in Ihrem Lieblingsbistro, das wohlige Bad nach einem anstrengenden Tag, das Lächeln eines geliebten Menschen. Kosten Sie diese besonderen Momente ganz bewusst aus.

5. Work–Life–Balance: Zeitmanagement leben

Zeitmanagement – eigentlich ist der Begriff ein Widerspruch in sich. Wir können »Zeit« überhaupt nicht »managen«. Zeit verrinnt kontinuierlich. Wir haben keinen Einfluss darauf. Zeit ist äußerst gerecht verteilt. Jeder von uns hat jeden Tag genau 1440 Minuten zur Verfügung: Niemand besitzt etwas mehr Zeit als die anderen. Im Gegensatz zu anderen Dingen kann man Zeit nicht anhäufen oder gar ansparen. Wer heute eine Stunde »einspart«, hat morgen nicht 25 Stunden zur Verfügung.

Ob wir einen Tag als zu lang, zu kurz oder genau richtig empfinden, ist individuell so verschieden wie das, womit wir unsere Zeit füllen.

Deshalb ist Zeitmanagement in erster Linie Selbst- und Lebensmanagement. Denn wir müssen nicht unsere Zeit managen, sondern Verantwortung für unsere *Lebensqualität* übernehmen.

Ihre Zeit gehört Ihnen!

Lebensqualität ist keine Frage des Geldes. Gerade die einfachen Dinge machen das Leben lebenswert.

Für einen ausgewogenen Umgang mit unserer Zeit ist es wichtig, dass wir uns mit dem, was wir tun, auch identifizieren. Sicher gibt es eine Vielzahl von Zwängen, denen wir uns nur schwer entziehen können. Dennoch: Zu einem gelungenen Zeitmanagement gehört es, bewusst *Ja zu sagen zu dem, was man tut.* Etwas nur zu machen, weil es uns irgendein anderer aufgezwungen hat, ist wie fahren mit angezogener Handbremse. Man kommt nicht wirklich gut voran.

Nichts raubt uns so viel Energie, wie *fremdbestimmt* zu sein. Deshalb ist es so wichtig, dass Sie sich bewusst machen, wie unmöglich es ist, den Wünschen und Erwartungen aller gerecht zu werden. Prüfen Sie also, was Sie antreibt, was Ihnen ganz persönlich wichtig ist, womit Sie Ihre Zeit ausfüllen wollen.

Zeit ist Leben! Deshalb darf Zeitmanagement nicht nur Schnelligkeit oder Langsamkeit berücksichtigen. Es muss den vielfältigen Facetten von Zeit gerecht werden. Zeit ist mal schnell, mal langsam, sie macht Pausen, hin und wieder wiederholt sie sich sogar. Und: Auch wenn Sie es zunächst vielleicht nicht glauben können – *die Freiheit, über seine Zeit zu entscheiden*, war noch nie so groß wie heute. Also: Packen Sie es an – es lohnt sich!

Bunt wie das Leben

Schwarz, rot, gelb, blau: Aus diesen Farben setzt sich jedes Farbfoto zusammen, ohne diese kunterbunte Mischung ist alles nur grau. Genau deshalb sollte sich auch Ihre ganz persönliche Work-Life-Balance aus diesen vier Farben zusammensetzen.

Betrachten Sie einmal Ihr Zeitprotokoll oder eine ganz normale Woche in Ihrem Kalender im Hinblick auf die vier verschiedenen Lebensbereiche. Geben Sie jedem Bereich seine eigene Farbe und markieren Sie die jeweiligen Eintragungen entsprechend:

Schwarz kennzeichnet alles in Sachen Beruf und Leistung.

Rot steht für Familie und soziale Kontakte.

Gelb markiert Körper und Gesundheit.

Blau werden die mentalen und sinnorientierten Elemente.

Wie sieht Ihre persönliche Farbskala aus? Ideal ist es, wenn jede einzelne Farbe voll zu ihrem Recht kommt. So unterstützt jede Farbe die andere, und alle verhelfen sich gegenseitig zur vollen Geltung. Doch: Welche spezielle Mischung Sie persönlich bevorzugen – etwas mehr schwarz oder eine große Portion rot, ob Sie lieber gelb oder blau mögen – ist einzig und allein Ihre Sache. Denn die Frage, welche Farbe Ihnen ganz besonders wichtig ist, können nur Sie selbst beantworten. Entscheidend ist, dass die Farbgebung genau auf Sie abgestimmt ist.

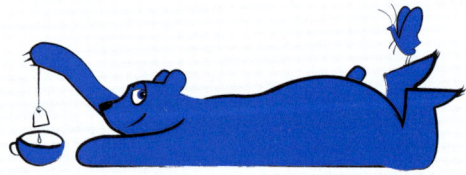

Kapitel 2
Das macht Sinn: Wert-voll leben

»Weil ich es mir wert bin ...« Überall ist die Rede von *Werten* – nicht nur in Werbe-Botschaften. Begriffe wie Liebe, Wertschätzung, Verantwortung, Fairness und Gerechtigkeit sind aktueller denn je. Von neuen Werten, von alten Werten und von wieder entdeckten Werten ist die Rede. Werte stehen als Synonym für *Erfolg, Lebensqualität und Glück*. In Zeiten schneller Veränderungen und wachsender Unsicherheit wird die ethische Seite unseres Handelns immer wichtiger.

Aber: Was hat Zeitmanagement mit Werten zu tun? Sehr viel – denn wenn im Zeitmanagement nur noch Effektivität und Effizienz im Vordergrund stehen, dann wird es schnell zur Selbstausbeutung. Zeitmanagement, das den Anforderungen unserer schnelllebigen Zeit gerecht werden will, kann nur funktionieren, wenn es auf verlässlichen Wertmaßstäben beruht.

Wenn hinter dem, was wir tun, keine Werte stehen, dann arbeiten wir nur noch mechanisch To-do-Listen ab. Irgendwann sind wir genervt und antriebslos. Wir sehen keinen Sinn mehr in unserem Tun und müssen uns der Frage stellen, wozu das eigentlich alles gut sein soll. Denn: Ein sinnerfülltes Leben kann nur der führen, der seine wahren Werte kennt und sich von ihnen leiten lässt.

Die einzige Möglichkeit, langfristig Glück und Erfüllung zu finden, besteht darin, im Einklang mit seinen Werten zu leben.

1. Profile: Werte – ganz persönlich

Was bedeuten *Werte* für Sie ganz persönlich? An welchen Werten orientieren Sie sich? Welche Werte haben für Sie Priorität? Lassen sich Ihre Wertvorstellungen mit Ihrem Privat- und Berufsleben vereinbaren?

Machen Sie sich bewusst, *was Ihnen wichtig ist* – ohne Rücksicht darauf, was andere von Ihnen erwarten. Was wollen Sie erreichen? Erfolg im Beruf, ein dickes Bankkonto, ein eigenes Haus oder ein erfülltes Familien- und Privatleben?

Jeder Mensch hat bestimmte Werte, die sein Denken, sein Verhalten und sein Handeln bestimmen. Jeder bewertet sich, die Menschen und die Dinge, denen er begegnet. Werte sind also der entscheidende Antrieb, wenn es darum geht, etwas zu erreichen. Nur, wenn etwas für uns selbst wert-voll ist, dann ist es für uns auch wirklich erstrebenswert. Unsere Werte sind der Leitfaden für all unser Tun und Handeln – bewusst und unbewusst.

Werte bestimmen unser gesamtes Tun. Werte sind die Motivation für all unsere Handlungen. Werte sind Maßstäbe, mit denen wir uns und andere bewerten.

Was sind Werte?

Es ist gar nicht so einfach, den abstrakten Begriff »Werte« mit konkreten Inhalten zu füllen. Jeder Mensch versteht etwas anderes darunter. Erstaunlich ist, wie schwer es uns fällt, unsere ganz persönlichen Werte zu nennen. Meist zählen wir eine Reihe von klassischen Schlüsselbegriffen wie Liebe, Glück und Gesundheit auf oder orientieren uns an religiös geprägten Wertvorstellungen. Und die Verführung ist groß, Werte ganz einfach nach allgemein anerkannten Normen zu ordnen – Liebe ganz oben, dann Gesundheit und Geld ganz am Ende der Skala.

Richtig oder falsch?

Es gibt keine richtigen oder falschen Werte. Dennoch will kaum einer zugeben, dass ihm nicht nur *immaterielle*, sondern auch materielle Werte wichtig sind. Denn tief in unserem Herzen glauben wir, dass man sich entscheiden muss: entweder reich oder gesund, entweder erfolgreich im Beruf oder glücklich im Privatleben. Aber das stimmt nicht. Natürlich kann man auch beides haben. Und es ist ganz und gar nicht verwerflich, auch *materielle Dinge* anzustreben. Also: Seien Sie einmal ganz ehrlich. Denken Sie wirklich, Geld und Wohlstand sind für Sie nur die Zwischenetappe auf dem Weg zu Freiheit, Abenteuer und mehr Zeit für Ihre Hobbys? Dann machen Sie doch einmal in Gedanken die Gegenprobe: Wenn Sie ohne einen einzigen Cent in der Tasche um die Welt reisen und sich dabei auch noch nach Herzenslust Ihren Hobbys widmen könnten, würden Sie dann auf Ihr Eigenheim, Ihr Auto und all die Dinge verzichten, die Sie sich im Laufe der Jahre erarbeitet haben? Wohl nicht. Geld rangiert also auf Ihrer Werteskala weiter oben, als Sie im ersten Moment vielleicht denken.

> »In dem Augenblick, in dem ein Mensch den Sinn und den Wert des Lebens bezweifelt, ist er krank.«
> *Sigmund Freud*

Welcher Werte-Typ sind Sie?

Jeder Mensch hat sein ganz persönliches, einzigartiges und unverwechselbares Werte-Profil, dennoch ist es dem Kulturphilosophen Eduard Spranger gelungen, eine gewisse Systematik auszumachen. Spranger unterscheidet sechs verschiedene Werte-Typen:

Theoretischer Werte-Typ Der *theoretische* Werte-Typ ist äußerst rational. Er hinterfragt alles kritisch und versucht, die Zusammenhänge zwischen den Dingen zu erkennen. Es ist ihm wichtig, für jedes Problem die optimale Lösung zu finden. Er verlässt sich nur ungern auf seine Intuition oder sein Bauchgefühl, sondern vor allem auf seinen Verstand.

Ökonomischer Werte-Typ *Ökonomisch* geprägten Menschen ist es sehr wichtig, dass alles, was sie tun, auch einen konkreten Nutzen hat. Neben dem konkreten Nutzen ist ihnen Sicherheit ein wichtiges Grundbedürfnis. Ein Bedürfnis, das nicht zuletzt durch ein gut gefülltes Bankkonto gestillt wird.

Ästhetischer Werte-Typ Im Gegensatz zum ökonomisch ausgerichteten Menschen achtet der *ästhetische* Typ nicht auf den praktischen Nutzwert. Er interessiert sich für die Dinge um ihrer selbst willen. Sein Handeln richtet er nur selten an logischen Gesichtspunkten aus. Denn bei allem, was er tut, verlässt er sich in erster Linie auf sein Gefühl.

Sozialer Werte-Typ Der *soziale* Werte-Typ setzt sich gerne für andere ein und stellt seine eigenen Interessen oftmals hinten an. Sein absoluter Lebensmittelpunkt ist die Beziehungsebene. Er agiert selbstlos und stellt bei allem, was er tut, nicht sich, sondern seine Mitmenschen in den Mittelpunkt.

Individualistischer Werte-Typ Macht, Einfluss und Ansehen – das sind die Werte des *individualistischen* Typs. Er ist zielstrebig, ehrgeizig und sucht gerne den Vergleich mit anderen. Ihm ist wichtig, in allen Lebenslagen die Kontrolle zu behalten – am besten nicht nur über sich, sondern auch über andere.

Traditioneller Werte-Typ Der *traditionelle* Werte-Typ bleibt sich selbst treu und ändert nur ungern seine Meinung. Manchmal wirkt er dadurch etwas stur und rechthaberisch. Er setzt sich am liebsten nützliche und konkrete Ziele, die er dann auch mit großer Beharrlichkeit verfolgt.

Haben Sie sich in einem der sechs charakterisierten *Werte-Typen* wieder gefunden? Natürlich kann man niemanden eindeutig *einer* Werte-Kategorie zuordnen. Jeder Mensch verfügt über Eigenschaften aus allen sechs Kategorien, aber in jedem von uns sind bestimmte Werte-Typen ganz besonders ausgeprägt. Wenn wir wissen, welchem Werte-Typ wir am ehesten entsprechen, können wir besser verstehen, warum uns manche Dinge wichtig und wert-voll sind und andere eben nicht.

Ihr persönlicher Werte-Kodex

Warum aber tendieren wir zu ganz bestimmten Werthaltungen? Werte werden uns bereits in frühester Kindheit durch unser soziales Umfeld vermittelt. Unsere Familie und unsere Bezugspersonen prägen unsere Wertvorstellungen – sowohl durch Erziehung, als auch durch das Vorbild, das sie uns geben. Später werden diese Werte dann vertieft und verankert. So entsteht ein unbewusster Lebensplan, der unser Handeln maßgeblich bestimmt.

Welche Werte sind Ihnen wichtig?

Lösen Sie sich von gängigen Normen und gesellschaftlichen Zwängen – bilden Sie Ihren *ganz persönlichen Werte-Kodex.*

Erfolg, Ehrlichkeit, Karriere, Familie, Glaubwürdigkeit, Treue, Anerkennung: Notieren Sie die Werte, die Ihnen ganz besonders wichtig sind. Anschließend gehen Sie Ihre Aufstellung noch einmal durch und nummerieren Ihre Werte nach Wichtigkeit – nun haben Sie Ihre eigene Werte-Skala.

Erst, wenn wir unseren ganz persönlichen Werte-Kodex aufgestellt haben, können wir herausfinden, was wirklich wichtig für uns ist. Und: Wir können feststellen, welchen Dingen wir nicht länger nachjagen sollten, weil sie uns nichts bedeuten oder sogar unseren Wertvorstellungen entgegenstehen.

2. Leitfaden: Mit Werten zum Erfolg

Für unseren beruflichen und persönlichen Erfolg ist es unabdingbar, dass wir unsere Wünsche, Pläne und Ziele genau unter die Lupe nehmen und prüfen, ob diese auch wirklich mit unseren Wertvorstellungen zu vereinbaren sind. Ganz wichtig: Richten Sie Ihr Handeln nicht an allgemeinen Werten und Normen aus. Nur unsere ganz persönlichen Werte sollten der *Leitfaden für unser Leben* sein.

Wirklich erfolgreiche Menschen kennen ihre Werte ganz genau. Deshalb handeln sie zielstrebig, wirken selbstbewusst und charakterstark.

Werte im Konflikt

Problematisch wird es, wenn *gleich-wertige Gegensätze* unsere Entschlusskraft lähmen. Wenn bei Ihnen beispielsweise Unabhängigkeit ganz oben auf der Werte-Rangliste steht, sollten Sie sich immer fragen: »Wird mir mein Tun ein Stückchen mehr persönliche Freiheit bringen oder wird es mich einschränken?«

Sie lieben das Risiko? Möchten aber dennoch nicht auf gewisse Sicherheiten verzichten? Dann müssen Sie sich früher oder später entscheiden: Den Sprung in die Selbstständigkeit wagen oder doch lieber die Sicherheiten des Angestelltendaseins genießen? Aus der langweiligen Routinebeziehung ausbrechen oder im sicheren Hafen der Ehe verharren?

> »Meist belehrt erst der Verlust über den Wert der Dinge.«
> *Arthur Schopenhauer*

Oft treten *Werte-Konflikte* auf, wenn private und berufliche Interessen kollidieren. Hier gibt es eins: In sich gehen und herausfinden, was Ihnen letztlich wichtiger ist.

Eigene Werte leben

Werte-Konflikte lassen sich keinesfalls lösen, wenn Sie versuchen, anderen Ihr persönliches Wertesystem aufzudrängen, frei nach dem Motto: »Was gut und richtig für mich ist, muss auch gut und richtig für andere sein!« Jeder sollte die Möglichkeit haben, nach seinen eigenen Werten zu leben und zu handeln. Akzeptieren Sie, dass Ihr Partner, Ihre Familie, Ihre Freunde und Ihre Kollegen anders denken, fühlen und handeln als Sie. Üben Sie keinen Druck auf andere aus. Versuchen Sie nicht, andere zu überzeugen, ihre vermeintlich falschen Werte aufzugeben. Akzeptieren Sie die Arbeitshaltung Ihrer Kollegen, die Lebensplanung Ihrer Freunde oder die Studienwünsche Ihrer Kinder.

Auch Werte unterliegen Veränderungen. Sie sind nicht in Stein gemeißelt. Wer seine Werte neu definiert, ist nicht wankelmütig, sondern bemüht dazuzulernen. Und: Unabhängig von Reichtum, Position oder Aussehen hat jeder Mensch die Möglichkeit, sein Leben an Werten auszurichten, die es bedeutungsvoll machen. Also: Nutzen Sie Ihre Chance und machen Sie Ihr Leben wert-voll.

Selbst-Check: Werte für Ihre Zukunft

Welche Werte wollen Sie in Zukunft fest in Ihrem Leben verankern? Gehen Sie Schritt für Schritt vor, denn auch hier gilt die Devise: »Weniger ist mehr!« Notieren Sie, was Sie zukünftig für Ihr persönliches Werte-Programm tun werden, und kontrollieren Sie regelmäßig, wie Sie mit der Umsetzung vorankommen. Vor allem: Beginnen Sie noch heute mit Ihrem persönlichen Werte-Programm.

Meine Werte	Mein Werte-Programm
Teamgeist im Büro	Wöchentliche Teamsitzung abhalten Fahrgemeinschaften bilden Öfter gemeinsam Mittagessen ....
Karriere	Fortbildungsmaßnahmen besuchen Kontakte pflegen Regelmäßig Stellenanzeigen lesen ....
Mehr Zeit mit der Familie	Sonntag freihalten und Wochenendausflüge planen Einen Abend unter der Woche für die Familie reservieren ....

Kapitel 3
Durchstarten zum Erfolg:
Visionen für Ihre Zukunft

> »Mit Absichten kann man nicht berühmt werden.«
>
> *Henry Ford*

In den 1930er-Jahren experimentierte ein zwölfjähriger Junge mit kleinen Raketen und träumte davon, zum Mond zu fliegen. 50 Jahre später verwirklichte er als verantwortlicher NASA-Direktor seinen Traum vom Flug zum Mond. Sein Name: Wernher von Braun. Ob Martin Luther King, Sir Edmund Hillary oder Bill Gates: Sie alle haben Unglaubliches erreicht. Ihr Erfolgsgeheimnis? Sie hatten einen Traum, eine Vision.

1. Orientierung: Visionen als Leitstern

Visionen sind etwas Wunderbares: Sie geben uns *Kraft* und helfen uns, auch das unmöglich Erscheinende möglich zu machen. Deshalb sollte jeder Mensch seine ganz persönliche Lebensvision haben, die ihm wie ein Leitstern den richtigen Weg weist und ihn trotz mancher Schwierigkeiten und Rückschläge ans Ziel seiner Wünsche bringt. Denn: Glück und Erfolg sind kein Zufall. Sie stehen am Ende eines langen Weges, der mit einer Vision beginnt.

Doch wie findet man seine *persönliche Lebensvision*? Wie kommt man seinen Wünschen und Träumen auf die Spur? Wie erkennt man, welchen Dingen man seine Energie und Zeit widmen sollte? Zunächst braucht man eigentlich nur drei Dinge: Stift, Papier und Zeit, viel Zeit. Am besten, Sie gönnen sich einen freien Tag, Ihren *Visionen-Tag*; alternativ nehmen Sie sich mindestens eine Woche lang jeden Abend eine Stunde Zeit für Ihre ganz persönliche Lebensvision.

Sicher ist es nicht ganz einfach, seine Lebensvision zu entwickeln. Doch wenn Sie die folgenden Tipps beherzigen, werden Sie es ganz bestimmt schaffen:

> »Zur Vision gehören Mut, Kraft und die Bereitschaft, sie zu verwirklichen.«
> *Roman Herzog*

- Erwarten Sie nicht, dass Sie auf Anhieb die perfekte Vision für Ihr Leben finden. Visionen sind etwas Lebendiges. Sie müssen aktiv gestaltet, überdacht und hin und wieder auch korrigiert werden.

- Beschränken Sie Ihre Visionen nicht nur auf den Bereich Beruf und Leistung. Denken Sie immer daran, beruflicher Erfolg ist keine Garantie für ein glückliches, erfülltes Leben. Berücksichtigen Sie also auch Ihr Privatleben und Ihr körperliches Wohlbefinden.
- Setzen Sie sich ruhig große Ziele, aber hüten Sie sich vor übertriebenem Machbarkeitswahn. Ein 60-Jähriger hat nur noch recht geringe Chancen, Profifußballer zu werden.
- Leider wird vielen Menschen erst im Rückblick klar, in welche Richtung ihr Leben hätte laufen sollen. Ihre Vergangenheit können Sie zwar nicht mehr ändern, aber Ihre Zukunft gestalten. Also: Trauern Sie keinen verpassten Chancen nach, schauen Sie beherzt nach vorne!

> »Du kannst das Leben weder verlängern noch verbreitern, nur vertiefen.«
> *Gorch Fock*

Ganz wichtig: Halten Sie Ihre Vision unbedingt schriftlich fest. Nur, was schwarz auf weiß geschrieben steht, können Sie später gezielt in Angriff nehmen. Am besten Sie nähern sich Ihrer Vision Schritt für Schritt:

Schritt 1: Wünsch Dir was!

Wunschlos glücklich? Das ist leider Fiktion. Es sollte Sie jedoch nicht daran hindern, einmal in aller Ruhe über Ihre Wünsche und Träume nachzudenken. Denn: Wir alle stecken voller unerfüllter *Sehnsüchte*. Nehmen Sie sich genügend Zeit, damit Sie auch den Wünschen auf die Spur kommen, die tief in Ihrem Inneren verborgen sind. Denken Sie daran, allen Lebensbereichen auf Ihrem Wunschzettel ausreichend Platz einzuräumen. Unterziehen Sie jeden einzelnen einem kleinen *Glücks-Check*. Nehmen Sie sich ein Blatt Papier und notieren Sie ganz spontan, was Sie sich für Ihre Zukunft wünschen:

- Einen interessanten Job?
- Das Erreichen Ihres Idealgewichts?
- Eine harmonische Beziehung?
- Ein Ehrenamt in Ihrer Gemeinde?

Was auch immer es ist, schreiben Sie es einfach auf. Widmen Sie jedem Bereich nur fünf Minuten. Sie werden sehen, Ihr Unterbewusstsein arbeitet auf Hochtouren, und das Ergebnis wäre auch dann nicht besser, wenn Sie sich mehr Zeit lassen würden.

Mein ganz persönlicher Wunschzettel

Erstellen Sie Ihre Wunschliste. Aber: Tragen Sie nicht nur Ihre Wünsche ein, notieren Sie auch, warum Sie sich etwas wünschen:

Das wünsche ich mir	Das sind meine Wunschgründe
Vermögen	um frei und unabhängig zu sein
Eine glückliche Beziehung	

Schritt 2: Wünsche im Wettstreit

Sicher sind Ihnen viele Dinge eingefallen, die Sie sich wünschen. Leider können wir nicht immer alles auf einmal haben. Sie müssen sich also entscheiden und Prioritäten setzen. Und wenn wir *Prioritäten setzen*, müssen wir uns auch in Verzicht üben – zumindest im Moment. Um Ihnen die Entscheidung zu erleichtern, sollten Sie aus jedem der *vier Lebensbereiche* die beiden Wünsche wählen, die Ihnen am wichtigsten sind. Lassen Sie Ihre acht größten Wünsche dann zum Wettstreit antreten. Nur einer kann gewinnen! Natürlich geht es nicht darum, bestimmte Bereiche gegeneinander auszuspielen. Doch wenn Sie bei Ihren Wünschen klare *Prioritäten* setzen, dann fällt es Ihnen nicht nur leichter, Ihre Lebensvision zu entwickeln, es ist auch einfacher, Ihre Wünsche wahr werden zu lassen.

Mein Herzenswunsch

8–4–2–1: Tragen Sie zunächst Ihre *acht sehnlichsten Wünsche* ein. Halbieren Sie nun Schritt für Schritt die Anzahl Ihrer Wünsche, bis am Ende Ihr *größter Herzenswunsch* übrig bleibt.

Mein größter Wunsch

Schritt 3: Mein 75. Geburtstag

Um eine Lebensvision zu entwickeln, ist es äußerst hilfreich, das Ganze von hinten aufzurollen. Stellen Sie sich vor, dass Sie heute Ihren 75. Geburtstag feiern. Man lässt Sie hochleben. Sie haben alles erreicht, was Ihnen wirklich wichtig ist. Versetzen Sie sich in Ihre kühnsten »Erfolgs-, Glücks- und Zufriedenheitsfantasien« Think big! Machen Sie es groß, bunt und so, dass Ihnen das Herz aufgeht:

- Wo und wie leben Sie?
- Wie sieht Ihre finanzielle Situation aus?
- Was ist Ihnen wichtig und woran erkennen Sie das?
- Welche Werte und Überzeugungen haben Sie?

Verschiedene Redner halten eine Laudatio: Ihr Partner, Ihre Kinder, Ihr ehemaliger Chef, alte Kollegen, Ihre Freunde und Nachbarn. Was sagen diese Menschen über Sie?

- Welche Ihrer Charaktereigenschaften wird man besonders hervorheben?
- Worin zeigt sich diese Anerkennung?
- Welche Ihrer Verdienste, Erfolge und Leistungen sind den anderen im Gedächtnis geblieben?
- Und: Was sollte tunlichst verschwiegen werden?

Ideen für Ihre Zukunft

Immer wieder stolpern wir eher zufällig über etwas, das interessant für zukünftige Projekte oder Ziele ist – einen spannenden Zeitungsbericht, tolle Fotos oder lehrreiche Zitate. Meist heben wir diese Dinge jedoch nicht auf. Und wenn doch, dann finden wir sie nicht mehr.

 Sammeln Sie alles, was Sie in Hinblick auf Ihre Zukunft inspiriert. Zeitungsberichte, Fotos, Zitate – legen Sie sich eine kunterbunte Ideensammlung an. Kleben Sie Bilder und Texte nach Themen sortiert in ein Album, oder bewahren Sie alles in einer Hängeregistratur oder Ihrem persönlichen Zukunftsordner auf.

Egal, ob Familie, Beruf, Haus und Wohnung oder Reisen und Urlaub – nach und nach werden Ihre Visionen immer klarer. Irgendwann blättern Sie dann in Ihrer Ideensammlung und denken: Genauso soll mein Leben in diesem oder jenem Bereich einmal aussehen!

Schritt 4: Zukunftsträume

Wissen Sie nun, was Sie bis zu Ihrem 75. Geburtstag alles erreichen wollen – beruflich und privat? Dann sollten Sie jetzt Ihre Wünsche wahr werden lassen, zumindest im Geiste. Lehnen Sie sich entspannt zurück, schließen Sie Ihre Augen, und stellen Sie sich vor, was in fünf Jahren sein wird. Was sehen Sie vor Ihrem inneren Auge? Was hat sich verändert?

Im Beruf
- Was machen Sie beruflich?
- Welche Position bekleiden Sie?
- Arbeiten Sie Voll- oder Teilzeit?
- Sind Sie selbstständig oder angestellt?
- Welche Weiterbildungsmaßnahmen haben Sie absolviert?
- Welche Anforderungen müssen Sie im Job erfüllen?

Im Privatleben
- Welches Lebensmotto wird für Sie gelten?
- Wer oder was hat in Ihrem Leben erste Priorität?
- Welche neuen Erfahrungen haben Sie gemacht?
- Was haben Sie dazugelernt?
- Wo und wie werden Sie leben?
- Wie sieht Ihre familiäre Situation aus?
- Welche Freunde, Bekannte oder Kollegen sind Ihnen wichtig?

Ihre *ganz persönliche Lebensvision* können Sie nur in sich selbst finden! Besonders gut kommen Sie Ihren Träumen und Zukunftsvorstellungen auf die Spur, wenn Sie diese *visualisieren.* Nehmen Sie bunte Stifte und ein großes Blatt Papier, und malen Sie einfach drauflos. Denn: Ihr Unterbewusstsein denkt in Bildern! Wenn Sie malen, dann aktivieren Sie die Potenziale Ihrer rechten Hirnhälfte und erschließen sich so den Zugang zu Ihren tief im Inneren verborgenen Wünschen, Bedürfnissen und Zielen.

Schritt 5: Ihre Vision

Haben Sie eine ungefähre Vorstellung von Ihrer Lebensvision gewonnen? Dann sollten Sie nun einen ersten *schriftlichen Entwurf* Ihres *Lebensdrehbuches* erstellen. Beschreiben Sie alles ganz konkret. Malen Sie sich in allen Einzelheiten aus, wie es sein wird, wenn Sie Ihre Vision erst einmal verwirklicht haben. Und falls Sie nicht wissen, wie Sie anfangen sollen: Nehmen Sie ein Blatt Papier, notieren Sie »Meine Lebensvision ist…« und schreiben dann einfach weiter.

Mein Tipp: Natürlich gibt es keine Mustervorlagen für Leitbilder und Lebensvisionen. Aber es kann ungemein inspirierend sein, die Lebensvision von jemand anderem zu lesen. Werfen Sie einfach einmal einen Blick auf die nebenstehende Lebensvision meines Seminarteilnehmers Thomas M.!

Thomas M., 35, verheiratet, Vater von zwei Töchtern, Bankkaufmann

Meine Lebensvision ist es, eine steile Karriere in »meiner« Bank zu machen, ohne dabei meine Familie zu vernachlässigen.

Zurzeit bin ich Abteilungsleiter und in fünf Jahren Filialleiter, ein wichtiger Schritt auf meinem Weg ganz an die Spitze. Ich arbeite mit vollem Engagement. Ich weiß: Erfolg ist kein Zufall. Daher achte ich darauf, dass meine Mitarbeiter genauso motiviert sind wie ich, denn: Nur mit einem starken Team im Rücken kann ich meine beruflichen Ziele erreichen.

Obwohl meine Karriere sehr wichtig für mich ist, bin ich immer für meine Familie da. Für meine Töchter nehme ich mir viel Zeit. Ich bin ein verständnisvoller Vater und halte zu ihnen, auch wenn es Probleme gibt. Ich tue alles, damit meine Töchter ihren Platz im Leben finden und eigenständige, verantwortungsvolle und selbstbewusste Persönlichkeiten werden.

Der wichtigste Mensch in meinem Leben ist meine Frau. Unsere Partnerschaft beruht auf Vertrauen und Respekt. Ich achte darauf, dass unsere Liebe nicht auf der Strecke bleibt. Daher gönnen wir uns mindestens zweimal im Jahr eine Auszeit – einen Kurzurlaub nur für uns beide, ohne Kinder, ohne Arbeit, nur meine Frau und ich.

Mein größter Wunsch ist es, ein eigenes Haus für mich und meine Familie zu bauen. Ein Haus mit einem großen Garten. Natürlich muss ich für diesen Wunsch auf einiges verzichten, doch spätestens mit 40 bin ich stolzer Hausbesitzer.

Beruf, Familie und der Traum vom eigenen Haus – damit ich selbst dabei nicht zu kurz komme, mache ich einmal im Jahr mindestens zwei Wochen Urlaub am Stück. Und: Ich vernachlässige nicht länger meine Gesundheit. Daher treffe ich mich einmal wöchentlich mit meinen Freunden im Fitness-Studio – und ich erkläre den Samstag zum Familien-Sporttag.

Die Zeit ist reif!

Wo stehe ich? Wo will ich hin? Welche Voraussetzungen müssen dafür erfüllt sein? Geben Sie nicht auf, lassen Sie die Dinge nicht einfach laufen. Nehmen Sie Ihre Zukunft in die Hand. Visionen entstehen nur ganz allmählich. Sie müssen immer wieder neu gestaltet und überdacht werden. Zunächst sind sie nur vage Ideen, doch dann werden sie immer klarer, immer konkreter, und irgendwann sind sie dann Wirklichkeit...

> »Wenn das Leben keine Vision hat, nach der man strebt, nach der man sich sehnt, die man verwirklichen möchte, dann gibt es auch kein Motiv, sich anzustrengen.«
> *Erich Fromm*

Packen Sie es an: Die Zeit ist reif für Ihre Wünsche und Visionen!

2. Zielfindung: Vom Wunsch zum Ziel

Sind Sie Ihren Träumen und Wünschen auf die Spur gekommen? Haben Sie Ihr ganz persönliches *Lebensdrehbuch* zu Papier gebracht? Gratulation – Sie sind auf dem richtigen Weg. Doch was nützen Ihnen die schönsten Vorstellungen von Ihrer Zukunft, wenn Sie diese nicht in die Tat umsetzen? Nicht der Wunsch, sondern der Wille zählt. Also: Schließen Sie die große Lücke zwischen Realität und Traum.

Die Walt-Disney-Strategie

Je größer Ihr Traum ist, desto schwieriger scheint es, diesen zu verwirklichen. Lassen Sie sich nicht entmutigen. Sicher kennen Sie Walter Elias Disney, den Vater von Mickey Mouse und Donald Duck. Der legendäre Pionier des Zeichentrickfilms hat in seinem Leben Dinge erreicht, die den meisten absolut unmöglich erschienen. Um seine Visionen zu verwirklichen, nutzte Walt Disney eine einfache, aber höchst wirksame Strategie: Er durchleuchtete jedes seiner visionären Projekte aus drei völlig unterschiedlichen Blickwinkeln.

> »Der Langsamste, der sein Ziel nicht aus den Augen verliert, geht noch immer geschwinder als jener, der ohne Ziel umherirrt.«
> *Gotthold E. Lessing*

Träumer – Realist – Kritiker

Zunächst übernahm er die Rolle eines *Träumers* und ließ seinen Fantasien freien Lauf – ohne jegliche Rücksicht auf die Realität oder irgendwelche Einschränkungen. Er skizzierte, schrieb einfach drauflos oder diktierte seine Ideen auf Band. Auch verrückte, völlig unlogische und ungewöhnliche Einfälle hielt er fest.

Doch Walt Disney beließ es nicht nur beim Träumen. Vielmehr verwandelte er sich vom Träumer zum *Realisten* und prüfte sehr sorgfältig, wie er seine Träume wahr werden lassen konnte, was machbar war und was nicht. Akribisch sammelte er alle verfügbaren Informationen und Fakten und erstellte einen detaillierten Plan, der ihn Schritt für Schritt vom Traum zum Erfolg führen sollte.

Diesen Plan prüfte Walt Disney auf Herz und Nieren. Er wurde zum Kritiker, suchte nach Schwachpunkten, Denkfehlern und Verbesserungsvorschlägen. Sobald er glaubte, alle Schwachstellen gefunden zu haben, begann er das Spiel wieder aufs Neue. Er ließ sich von keiner noch so niederschmetternden Kritik einschüchtern, sondern nutzte sie, um seine Visionen zu erweitern und zu perfektionieren. Und egal, wie oft er sein Rollenspiel auch wiederholen musste, er gab nicht auf. Schließlich hatte er nicht nur eine großartige Vision, er wusste auch, wie er sie wahr machen konnte.

> »Alle Träume können wahr werden, wenn wir den Mut haben, ihnen zu folgen.«
> *Walt Disney*

Natürlich ist es nicht einfach, in drei völlig unterschiedliche Rollen zu schlüpfen, zumal Träumer, Realist und Kritiker bei jedem von uns völlig anders ausgeprägt sind: Die meisten haben viel vom Kritiker, etwas vom Realisten und nur ganz wenig vom Träumer in sich.

Lassen Sie jede Rolle gleichermaßen zu Wort kommen. Es geht darum, *Träumer, Realist und Kritiker ins Gleichgewicht* zu bringen und so von jedem Part größtmöglich zu profitieren.

Man sagt, dass Walt Disney drei verschiedene *Arbeitszimmer* hatte, um sich den Rollenwechsel zu erleichtern: Ein Zimmer für jede Rolle, und jedes Zimmer war so gestaltet, dass es optimal zur jeweiligen Rolle passte. Keine Angst, Sie müssen nicht gleich drei Büroräume anmieten, um die Walt-Disney-Strategie zu testen. Es reicht völlig aus, wenn Sie drei verschiedene Ecken in Ihrem Büro dafür reservieren. Der Platz vor dem Fenster ist ideal für den Träumer. Der Realist fühlt sich sicher wohl an Ihrem Schreibtisch, und der Kritiker ist am Konferenztisch im aufgeräumten Besprechungszimmer gut aufgehoben.

Selbstverständlich können Sie die Walt-Disney-Strategie auch zu Hause ausprobieren. Denn sicher haben Sie berufliche und private Visionen. Für den Träumer bietet sich beispielsweise Ihr Lieblingssessel, der Balkon oder Garten an. Der Realist arbeitet am besten an Ihrem Schreibtisch, während die Essecke dem Kritiker vorbehalten ist. Wichtig ist: Jeder Platz ist ausschließlich für eine Rolle reserviert. An Platz 1 oder 2 wird nicht kritisiert, an Platz 3 werden keine neuen Visionen entwickelt.

Machen Sie es wie Walt Disney, spielen Sie jede Rolle hundertprozentig! Sie werden die Kraft spüren, die den kleinen Comiczeichner Walter Elias Disney zum Chef eines Weltkonzerns machte.

3. Step by Step: So kommen Sie ans Ziel

Erfolg bedeutet, klar definierte Ziele zu erreichen. Und genau hierin liegt das Erfolgsgeheimnis von Walt Disney. Er verstand es, seine *vagen Wünsche* und fantastischen Visionen in ganz *konkrete Ziele* zu verwandeln. Er wusste um die ungeheuren Kräfte, die Ziele freisetzen können.

Ein beeindruckendes Beispiel für diese Kräfte ist die folgende Geschichte:

Am frühen Morgen des 4. Juli 1952 lag die kalifornische Küste in dichtem Nebel. Dennoch stieg die 34-jährige Florence Chadwick auf der Insel Catalina in die eisigen Fluten – fest entschlossen, die 34 Kilometer bis zur kalifornischen Küste als erste Frau zu bewältigen. Millionen Menschen verfolgten den Rekordversuch gebannt vor ihren Fernsehern. Doch nach 15 Stunden war alles vorbei. Steif vor Kälte und Müdigkeit bat Florence Chadwick ihre Begleiter im Beiboot, sie aus dem Wasser zu holen. Obwohl man ihr versicherte, dass die kalifornische Küste schon zum Greifen nah sei, gab sie auf – kurz vor dem Ziel, nur einige hundert Meter vor der Küste. Als man sie später fragte, warum sie nicht weitergeschwommen sei, antwortete sie: »Ich konnte das Land nicht sehen. Hätte ich die Küste gesehen, hätte ich es auch geschafft.«

Einige Wochen später versuchte Florence Chadwick es noch einmal. Obwohl es wieder neblig war, schaffte sie es: Diesmal hatte sie ihr Ziel vor Augen – wenn auch nur im Kopf. Doch allein das genügte und gab ihr die Kraft, durchzuhalten!

SMART ans Ziel

Ziele entscheiden über Erfolg oder Misserfolg. Ziele wirken wie ein *Kompass*, der uns hilft, auch in schwierigen Situationen den richtigen Weg zu finden. Verwandeln auch Sie Ihre Wünsche und Visionen in ganz konkrete Ziele. Mit der bewährten SMART-Methode ist das gar nicht so schwer:

S = Spezifisch

Formulieren Sie jedes Ihrer Ziele möglichst *konkret*, ansonsten bleibt es nichts als ein vager Wunsch. Statt sich vorzunehmen, Karriere zu machen, sollten Sie genau aufschreiben, welche Anstrengungen und Mühen Sie dafür auf sich nehmen werden. So sind Sie gezwungen, sich alle notwendigen Informationen zu verschaffen, die für Ihren Karrieresprung wichtig sind.

M = Messbar

Achten Sie darauf, dass Ihre Ziele messbar sind. Nehmen Sie sich nicht vor, irgendwas irgendwann und irgendwie zu tun. Sagen Sie nicht, dass Sie mehr Zeit mit Ihrer Familie verbringen wollen. Legen Sie *genau* fest, wie viel Zeit Sie Ihren Lieben widmen wollen. Nur so können Sie später klar erkennen, ob Sie Ihr Ziel erreicht haben oder ob und wo Sie noch nachbessern müssen.

SMART

S = Spezifisch
M = Messbar
A = Aktionsorientiert
R = Realistisch
T = Terminiert

A = Aktionsorientiert

Formulieren Sie Ihre Ziele so, dass sie Sie dazu *motivieren*, den wohl formulierten Worten auch Taten folgen zu lassen. Ganz wichtig: Konzentrieren Sie sich nicht auf das, was Sie nicht tun wollen. Achten Sie darauf, *positive* Formulierungen zu verwenden. Nehmen Sie sich nicht vor, weniger zu arbeiten. Nehmen Sie sich lieber vor, sich jeden Tag eine Stunde nur für sich zu gönnen.

R = Realistisch

Setzen Sie sich nur realistische Ziele. Ziele, die Sie auch *tatsächlich verwirklichen* können. Aber ein bisschen Ehrgeiz sollte schon sein. Sonst sind Ihre Ziele keine echte Herausforderung. Ziele sollten ehrgeizig, aber *machbar* sein. Denn: Unterforderung ist mindestens ebenso demotivierend wie Überforderung.

T = Terminiert

Schieben Sie Ihre Ziele nicht auf die lange Bank. Nehmen Sie sich nicht vor, irgendwann einmal drei Kilo abzunehmen. Setzen Sie sich einen festen Termin, bis wann Sie drei Kilo leichter sind. Legen Sie nicht nur fest, bis wann Sie Ihr Gesamtziel erreicht haben wollen. Geben Sie auch den einzelnen Etappenzielen konkrete Termine. Nur so können Sie prüfen, ob Sie auch wirklich Fortschritte machen. Nichts motiviert mehr als nachweisbare Erfolge: das erste Kilo weniger, die erste Crème brûlée im Kochkurs…

Ziele treffend formulieren

Die Formulierung Ihrer Ziele kann über Erfolg oder Misserfolg entscheiden.

Diese Ziele werden Sie nur schwer erreichen. Warum? Weil sie unverbindlich und schwammig formuliert sind.	Diese Ziele haben Sie schon so gut wie erreicht! Warum? Sie sind ganz konkret formuliert.
Ich möchte mehr Sport treiben.	Ab morgen jogge ich immer dienstags und donnerstags mindestens eine halbe Stunde lang.
Ich sollte weniger rauchen.	In den nächsten vier Wochen werde ich meinen täglichen Zigarettenkonsum mindestens halbieren.
Ich müsste abnehmen.	In drei Monaten wiege ich fünf Kilo weniger.
Mein Schreibtisch könnte ordentlicher sein.	Am Donnerstag nehme ich mir zwei Stunden Zeit, um meinen Schreibtisch aufzuräumen. Ab dann plane ich jeden Tag 15 Minuten ein, um Ordnung zu schaffen.
Irgendwann will ich Abteilungsleiter werden und mehr verdienen.	Morgen bitte ich meinen Chef um einen Termin, um über meine beruflichen Perspektiven zu sprechen
Ich will mehr Zeit mit meiner Familie verbringen.	Der Sonntag ist Familientag. Sonntags ist der Job tabu.

Haben Sie sich die Ziele im Kasten angesehen? Eigentlich ist es gar nicht so schwer, seine Ziele Erfolg versprechend zu formulieren. Die drei folgenden *Formulierungshilfen* bringen Sie sicher ans Ziel:

1. Formulieren Sie Ihre Ziele positiv

Studien haben ergeben, dass unser *Unterbewusstsein* Verneinungen nicht verstehen kann. Ein Beispiel:

Wenn Sie sich fest vornehmen, *nicht* an die letzte Auseinandersetzung mit Ihrem Partner zu denken, dann kreisen Ihre Gedanken erst recht ständig um dieses leidige Thema. Ihr Unterbewusstsein ist geradezu darauf programmiert bei Formulierungen wie »nie«, »kein«, »nicht mehr« oder »aufhören« genau das Gegenteil von dem zu tun, was Sie eigentlich wollen.

Schreiben Sie nicht auf, was Sie nicht wollen, sondern, *was Sie wollen:*

So nicht: Negativ	Bitte so: Positiv
Ich will nicht mehr allein sein.	Ich habe meine/n Traumpartner/in gefunden.
Ich will keine Schulden mehr haben.	Mein Kontostand ist ausgeglichen.
Ich will nicht mehr übergewichtig sein.	Ich habe mein Idealgewicht.

2. Formulieren Sie Ihre Ziele in der Gegenwart

Um Ihr *Unterbewusstsein* darauf zu *programmieren*, sich voll und ganz auf Ihre Ziele zu konzentrieren, sollten Sie diese so formulieren, als hätten Sie Ihre *Ziele bereits erreicht*. Benutzen Sie immer die Ich-Form und die Gegenwart. Vermeiden Sie vage Formulierungen wie »Ich versuche…«, »Ich möchte gerne…« oder »Ich will…«. Wie oft haben Sie schon versucht, einen neuen Job zu finden, mehr Zeit mit Ihren Lieben zu verbringen oder etwas für Ihre Figur zu tun? »Versuchen«, »mögen« oder »wollen« werden Sie nicht ans Ziel bringen. Verzichten Sie auch auf den Konjunktiv. »Könnte«, »sollte«, »müsste«, »hätte«, »wäre« sind in höchstem Maße unverbindlich und werden Ihnen auf Ihrem Weg zum Ziel nicht weiterhelfen.

So nicht: Vage	Bitte so: Konkret
Ich will einen neuen Job finden.	Ich habe einen neuen Job.
Ich möchte gerne abnehmen.	Ich wiege 75 Kilo.
Ich versuche, nicht mehr zu rauchen.	Ich bin Nichtraucher.
Ich könnte mehr Sport machen.	Ich jogge täglich 30 Minuten.

3. Formulieren Sie Ihre Ziele detailliert

Beschreiben Sie Ihre Ziele so detailgetreu wie nur möglich. Stellen Sie sich vor, Ihr Ziel ist ein nagelneues Auto, das Sie beim Händler bestellen. Sie wählen das Modell, den Motor, die Farbe, die Ausstattung und geben exakt vor, was Sie wollen. Genau das sollten Sie auch mit Ihren Zielen tun. So liefern Sie Ihrem

> »Wer keine Ziele hat, ist ein Leben lang dazu verurteilt, für Leute mit Zielen zu arbeiten.«
>
> *Brian Tracy*

Unterbewusstsein Bilder, die es ihm erleichtern, auf ein Ziel hinzuarbeiten. Und: Sie entgehen der Gefahr, dass sich Ihr Ziel verselbstständigt und Sie nicht das erreichen, was Sie sich ursprünglich vorgestellt hatten.

Aus Wünschen werden Ziele

Machen auch Sie aus Ihren Wünschen ganz konkrete Ziele. Nehmen Sie Ihre Lebensvision zur Hand, und verwandeln Sie die einzelnen Wünsche aus Ihrer Vision – wie im folgenden Beispiel – mithilfe der SMART-Methode und der richtigen Formulierung Schritt für Schritt in Ziele:

Wunsch: Nach meiner Pensionierung will ich mein Leben in vollen Zügen genießen.

Ziel: Ich plane schon heute ganz genau, wie ich das erste Jahr nach meiner Pensionierung gestalten werde. Dieser Plan enthält für jeden Monat ein ganz besonderes Highlight: im März die Reise in meine Geburtsstadt und das lang ersehnte Wiedersehen mit meinem besten Freund aus Kindertagen, im April den Ausflug an den Bodensee, einschließlich Besuch des dortigen Spiel-Casinos, im Mai die Umgestaltung meines Gartens und die Anlage eines Teiches …

Mein Wunsch: _____

_____

Mein Ziel: _____

_____

Motiviert ans Ziel

Zu einer detaillierten Beschreibung eines Zieles gehört natürlich auch, dass Sie sich die Gründe notieren, warum Sie Ihr Ziel unbedingt erreichen wollen. Wenn das *»Warum«* groß genug ist, ergibt sich auch das *»Wie«* fast von alleine. Denn: Um ein Ziel zu erreichen, sind eine Menge Energie, Disziplin und auch Entbehrungen erforderlich. Nur, wenn Sie wissen, warum Sie ein Ziel erreichen wollen, werden Sie auch bereit sein, all die Mühen auf sich zu nehmen.

Bevor Sie ein *Ziel* anpeilen, sollten Sie sich also fragen, ob es auch *wirklich etwas mit Ihnen zu tun hat.* Soll beispielsweise Fitness in Ihrem Leben wirklich eine zentrale Rolle spielen? Oder sind Sie doch eher ein Genussmensch, der nicht täglich in die Turnschuhe kommt? Vielleicht sind Sie auch einfach kein Bildungsbürger, den es ständig ins Theater zieht? Sparen Sie sich den Stress, dauernd nach Ausreden zu suchen, warum Sie nicht jeden Tag zum Joggen gehen oder Ihr Theaterabonnement nur selten nutzen. Seien Sie ganz einfach ehrlich zu sich selbst, und geben Sie offen zu, wenn ein Ziel nicht zu Ihnen passt und Sie es daher nicht weiterverfolgen wollen.

Gründen Sie einen Ziele-Club. Das motiviert ungemein, bringt viele neue Anregungen und macht auch noch eine Menge Spaß.

Gezielt erfolgreich

Kennen Sie das auch? Die Motivation stimmt, wir haben unser Ziel fest im Visier – trotzdem werden wir immer wieder schwach? Warum? Weil wir uns einfach *viel zu viel vornehmen.* Zum Beispiel beim Sport: Da wollen wir blitzschnell Ergebnisse sehen. In spätestens vier Wochen soll der Bauch verschwunden und die Kondition olympiareif sein. Ab jetzt wird täglich eine Stunde gelaufen, egal ob nach Feierabend oder am Wochenende. Klingt ja alles schön und gut, funktioniert bloß leider nicht.

Was also tun, um Ziele und ihre Umsetzung über die ersten und sicherlich schwierigsten Wochen zu retten? Beginnen Sie in *kleinen Schritten.* Meist ist ein Kompromiss eine gute Lösung – zumindest für den Anfang: Statt jeden Tag zu laufen, sollten Sie zunächst nur zweimal pro Woche zwanzig Minuten joggen und sich anschließend belohnen, beispielsweise mit einem Luxusbad. Und statt des Französisch-Intensivkurses tut es vielleicht ja auch der etwas weniger anspruchsvolle Auffrischungskurs, nach dem noch Zeit für ein gutes Glas Burgunder beim Franzosen um die Ecke bleibt. Sie werden sehen, mit solchen klugen Kompromissen kommen Sie *langsam, aber sicher ans Ziel.*

Oftmals steckt hinter einem Ziel auch etwas völlig anderes, als wir im ersten Augenblick glauben. Sicher ist Ihnen das auch schon passiert: Sie wollten etwas unbedingt erreichen. Doch als Sie es endlich geschafft haben, war alles gar nicht so, wie Sie es sich vorgestellt hatten. Vielleicht träumten Sie von Reichtum, wollten aber eigentlich nur Anerkennung und Glück. Als Sie Ihr Ziel dann erreicht hatten, mussten Sie enttäuscht feststellen, dass Geld weder ehrliche Anerkennung bringt noch glücklich macht. So kann es uns mit vielen Zielen gehen. Fragen Sie sich deshalb immer: Was verbirgt sich tatsächlich hinter meinem Ziel?

Machen Sie es sich also nicht zu einfach. Geben Sie sich nicht damit zufrieden, etwas zu wollen, sondern fragen Sie sich ganz ehrlich, warum Sie es wollen.

Scheibchenweise zum Ziel

Ideal, um Ziele und auch Projekte zu realisieren, ist die sogenannte *Salami-Taktik*: Zerlegen Sie Ziele und Projekte in überschaubare Teilaufgaben und konkrete Aktivitäten. Setzen

> »Wer im Leben kein Ziel hat, verläuft sich.«
> *Abraham Lincoln*

Sie sich für jedes »Scheibchen« einen festen Termin. Und: Konzentrieren Sie sich immer auf den *nächsten Schritt.* So bleiben Sie flexibel und können im Notfall Kurskorrekturen vornehmen. Vergessen Sie nicht: Es gibt keine großen Erfolge. Jeder große Erfolg ist das Ergebnis vieler kleiner Teilerfolge.

Der berühmte Philosoph, Mathematiker und Naturwissenschaftler René Descartes wandte die Salami-Taktik übrigens bereits im 17. Jahrhundert an:

- Halten Sie Probleme, Ziele oder Projekte schriftlich fest.
- Zerlegen Sie Ziele und Projekte in überschaubare Teilaufgaben und konkrete Aktivitäten.
- Ordnen Sie die Teilaufgaben nach Prioritäten mit festen Terminen.
- Konzentrieren Sie sich immer auf den nächsten Schritt und kontrollieren Sie die Ergebnisse.

Ziele im Blick

Sorgen Sie dafür, dass Sie Ihre Ziele in der Hektik des Alltags nicht aus den Augen verlieren. Schreiben Sie Ihre wichtigsten Ziele auf große, farbige Post-It-Notes. Kleben Sie Ihre bunten Erinnerungen überall dort hin, wo Sie oft hinschauen, etwa auf den Kühlschrank oder auch ganz vorn in Ihren Timer. So haben Sie Ihre Ziele immer fest im Blick!

So bleiben Sie auf Kurs

Hochgesteckte Ziele erreicht man nicht von heute auf morgen. Hier ist vor allem eines gefragt: *Ausdauer*. Denken Sie doch nur einmal an einen Marathonläufer. Es hat keinen Sinn, sich am Anfang völlig zu verausgaben und all seine Energie schon zu Beginn aufzubrauchen. Nur derjenige kommt ans Ziel, der seine Kräfte gleichmäßig und dauerhaft einsetzt. Sicher, manchmal muss man einen kurzen Zwischenspurt einlegen, aber das Ziel erreichen nur diejenigen, die mit ihren Kräften klug haushalten. Denken Sie daran: Der *Weg zum Ziel* soll Freude machen!

Eine Checkliste für meine Ziele

Die folgenden Fragen helfen Ihnen herauszufinden, welche Ziele Ihnen wirklich wichtig sind und welche Sie – zumindest für den Moment – nicht weiterverfolgen sollten. Nehmen Sie für jedes Ziel ein separates Blatt. Schreiben Sie Ihr Ziel auf und prüfen Sie es auf Herz und Nieren:

Ist es auch wirklich mein Ziel oder das Ziel anderer?

Wer könnte mir dabei helfen, mein Ziel zu erreichen?

Wer könnte etwas dagegen haben, dass ich ein Ziel anstrebe?

Was gewinne ich, wenn ich mein Ziel erreiche?

Welche Probleme erwarten mich auf dem Weg zu meinem Ziel?

Worauf muss ich eventuell verzichten, um mein Ziel zu erreichen?

Auf welche meiner anderen Ziele könnte sich mein Ziel positiv auswirken?

Auf welche meiner anderen Ziele könnte sich mein Ziel negativ auswirken?

Woran erkenne ich, dass ich mein Ziel erreicht habe?

Ich stelle mir jetzt einmal vor, ich hätte mein Ziel bereits erreicht – was ist das für ein Gefühl? Fühlt sich das gut an?

Führt mich mein Ziel weiter auf dem Weg zu längerfristigen Zielen oder meiner Vision?

Haben Sie alle Fragen ehrlich beantwortet? Dann nutzen Sie Ihre Antworten nicht nur, um herauszufinden, ob Ihnen Ihr Ziel auch wirklich wichtig ist oder ob Sie es gegebenenfalls neu überdenken sollten. Machen Sie sich auch gleich Anmerkungen, wie Sie Ihr Ziel am besten erreichen.

4. Alles mit System: Strategisch ans Ziel

Wer die *richtige Strategie* hat und diese auch konsequent umsetzt, der wird seine Ziele ganz gewiss erreichen.

Kleiner Strategie-Test

Wie steht es um Ihre strategischen Fähigkeiten? Finden Sie es heraus:

	Ja	Nein
Richten Sie Ihr Tun an klar definierten Zielen aus?	❏	❏
Wissen Sie, wo genau Ihre Stärken liegen?	❏	❏
Setzen Sie neue Ideen konsequent um?	❏	❏
Treffen Sie Ihre Entscheidungen nach festen Kriterien?	❏	❏
Konzentrieren Sie sich auf das wirklich Wesentliche?	❏	❏
Arbeiten Sie konsequent nach Prioritäten?	❏	❏
Bleibt Ihnen neben dem Tagesgeschäft noch Zeit für mittel- und langfristig wichtige Dinge?	❏	❏
Gehen Sie bei Ihren Plänen konsequent mit System vor?	❏	❏
Reagieren Sie zielgerichtet auf Veränderungen?	❏	❏
Nehmen Sie sich regelmäßig Zeit, um zu prüfen, ob Sie Ihren Zielen nähergekommen sind?	❏	❏

Haben Sie *mehr als drei Fragen mit Nein* beantwortet? Dann sollten Sie unbedingt noch an Ihren strategischen Fähigkeiten arbeiten.

Vier Prinzipien führen zum Ziel

Müssen Sie noch an Ihren *strategischen Fähigkeiten* feilen? Niemand wird als perfekter Stratege geboren. Doch: Strategie ist lernbar, und das ist eigentlich gar nicht so schwer. Die folgenden vier Prinzipien nach der *Engpass-Konzentrierten Strategie (EKS)* helfen Ihnen dabei:

1. Konzentration auf das Wesentliche

Tag für Tag werden wir mit unzähligen Aufgaben überfrachtet, die schnellstmöglich erledigt werden müssen. Irgendwann hetzen wir nur noch von einem dringlichen Problem zum nächsten, verlieren den Überblick und *verzetteln* uns völlig. Wir denken nicht strategisch und vergeuden so jede Menge Energie. Daher lautet das erste und wichtigste Strategie-Prinzip: *Konzentration der Kräfte!* Verzetteln oder Konzentration entscheiden über Erfolg oder Misserfolg. Es gilt, mit seinen Ressourcen eine maximale Wirkung zu erzielen. Wenn wir unsere Kräfte bündeln, können wir nahezu Unmögliches erreichen. Mit der richtigen Strategie können Kleine weit erfolgreicher sein als Große. Denken Sie nur einmal an den schmächtigen Hirtenjungen David, der den übermächtigen Riesen Goliath besiegt hat. David schlug nicht blindlings um sich wie sein Gegner. Er bündelte mit Hilfe seiner Steinschleuder seine Kräfte und siegte.

2. Stärken ausspielen

Wer heutzutage erfolgreich sein will, muss sich schon etwas ganz Besonderes einfallen lassen, denn die Konkurrenz schläft nicht. Also: *Spezialisieren Sie sich* – werden Sie einsame Spitze. Ein Chirurg, dessen Spezialgebiet Herzen sind, sollte sich nicht auch noch an Face-Liftings versuchen. Der Werbeagentur, die sich auf Banken spezialisiert hat, fehlt die Kompetenz für Mode. Und die Sekretärin, die vier Fremdsprachen fließend beherrscht, muss nicht auch noch die Buchhaltung übernehmen.

Nur wer sich spezialisiert, kann sein Erfolgspotenzial voll ausschöpfen. Besinnen Sie sich also auf Ihre Stärken. Mühen Sie sich nicht damit ab, Dinge zu tun, die Ihnen einfach nicht liegen. Investieren Sie in Ihre Stärken. Richten Sie Ihre ganze Energie auf Dinge, die Sie von Natur aus besser können als andere. Was Sie gut und gerne tun, das bringt Ihnen Erfolg.

3. Mut zur Lücke

Ein kluger Stratege konzentriert sich allerdings nicht nur auf seine Stärken. Er versucht auch, seine Stärken in einem Bereich auszuspielen, der noch nicht von anderen besetzt ist. Mut zur Lücke ist also gefragt. Tun Sie nicht ausgerechnet das, was alle anderen auch schon machen. Wenn Sie sich nicht von der breiten Masse abheben, wird Ihre Leistung ausschließlich über den Preis definiert. *Was alle tun, ist nichts wert.* Bieten

> Gehen Sie die Dinge strategisch an. Überlassen Sie Ihren Erfolg nicht dem Zufall!

viele die gleiche Leistung an, entscheidet man sich automatisch für den billigsten Anbieter. Umgehen Sie diesen knallharten Wettbewerb, und suchen Sie sich eine *Marktnische*.

Fangen Sie ruhig klein an, und besetzen Sie zunächst eine ganz enge Nische. So manche Erfolgsgeschichte hat ihren Anfang in einer Marktnische – auch die des Fast-Food-Giganten McDonald's. Als Ray Croc in den 1950er-Jahren erkannte, dass es weit und breit kein Restaurant gab, das seine Gäste nicht nur schnell, sondern auch äußerst preisgünstig mit Essen versorgte, nutzte er seine Chance. Er eröffnete sein erstes kleines Schnellrestaurant und entwickelte so ein Fast-Food-Konzept, das schon bald die ganze Welt erobern sollte.

4. Machen Sie sich nützlich

Erfolgreiche Unternehmer haben stets alles darangesetzt, Ihren Kunden einen größeren Nutzen zu bieten, als die Konkurrenz. So wusste natürlich nicht nur Henry Ford, dass es in den USA aufgrund der riesigen Entfernungen einen extrem hohen Bedarf an Automobilen gab. Doch nur er entwickelte ein preiswertes Fahrzeug, das die Besitzer auch noch selbst reparieren konnten, und seine Tin Lizzy wurde das meistverkaufte Auto Amerikas.

Und das Beste: Nutzen führt geradezu zwangsläufig zu Gewinn. Fragen Sie sich also nicht nur: »Was will ich?« Finden Sie auch heraus: »Wie kann ich *anderen am meisten nutzen*?« Sie werden sehen: Wenn Sie anderen mehr Nutzen bieten als alle anderen, dann stellt sich der Erfolg fast schon von alleine ein.

> »Wer mit beschei-
> denen Mitteln die
> richtigen Dinge tut,
> wird mehr erreichen
> als einer, der mit
> aller Kraft an den
> falschen Aufgaben
> arbeitet. Die Kunst,
> diese Einsicht in
> die Tat umzusetzen,
> nennt man Strate-
> gie.«
> *Edgar K. Geffroy*

Strategie ist flexibel

Wer seine *Ziele erreichen* will, muss *strategisch denken* und handeln. Eigentlich klingt das alles ganz einfach, zumindest theoretisch. Doch die Praxis sieht leider manchmal ganz anders aus. Ein Krankheitsfall in der Familie, das unerwartete Ausscheiden Ihres Vorgesetzten aus der Firma oder der überraschende Konkurs Ihres wichtigsten Kunden – plötzlich läuft Ihre Strategie völlig aus dem Ruder.

Jede noch so ausgeklügelte Strategie ist leider nutzlos, wenn sie es nicht erlaubt, rasch auf Veränderungen zu reagieren. Eine gute Strategie berücksichtigt nicht nur, was zu tun ist, wenn alles nach Plan läuft. Ein kluger Stratege ist auch darauf vorbereitet, wenn das Unmögliche eintritt. Er stellt die Weichen neu, solange er noch Zeit und Ruhe dazu hat. Denn je flexibler die Strategie, desto größer der Erfolg.

Auf einen Blick: Erfolgreich ans Ziel!

Wenn Sie die folgenden Punkte beachten, bleiben Sie garantiert auf Zielkurs.

1. Sofort anfangen

Schieben Sie Ihre Ziele nicht auf die lange Bank. Fangen Sie möglichst bald mit der Umsetzung an! Tun Sie jeden Tag etwas für Ihre Ziele.

2. Klein beginnen

Natürlich soll man nach großen Zielen streben. Ein bisschen Ehrgeiz sollte schon sein. Aber Sie müssen es ja nicht gleich maßlos übertreiben. Nehmen Sie sich lieber ein bisschen weniger vor. So haben Sie eine reelle Chance, Ihre Vorsätze auch in die Tat umzusetzen, und laufen nicht Gefahr, nach kurzer Zeit völlig überfordert aufzugeben.

3. Schreiben und Termine setzen

Halten Sie Ihre Ziele immer schriftlich fest. Formulieren Sie diese so konkret wie möglich. Achten Sie darauf, dass Ihre Ziele messbar sind. Und geben Sie Ihren Zielen einen Termin.

4. Motivation hinterfragen

Werfen Sie immer einen Blick hinter Ihr Ziel. Fragen Sie sich: Warum will ich ausgerechnet dieses Ziel erreichen? Will ich das, was ich mir vorgenommen habe, wirklich selbst? Achtung: Wenn Ihr Ziel mit den Worten »Ich muss« beginnt, ist dies oft ein sicheres Zeichen dafür, dass dieser Wunsch nicht wirklich von Ihnen kommt.

5. Taktisch vorgehen

Unterteilen Sie Ihr Ziel in kleinere Etappenziele. Legen Sie genau fest, bis wann Sie die einzelnen Etappen erreicht haben wollen. Hilfreich ist es, wenn Sie über Ihre Erfolge, aber auch über Ihre Misserfolge ehrlich Buch führen. Dann wissen Sie immer ganz genau, wo Sie momentan stehen und ob Sie eventuell noch ein bisschen nachlegen sollten.

6. Rückschläge einplanen

Rechnen Sie mit Rückschlägen auf Ihrem Weg zum Ziel. Halten Sie immer einen Plan B bereit. Versuchen Sie auch, genau herauszufinden, was Ihnen den Weg zu Ihrem Ziel so schwer macht: Wenn Sie ganz bewusst mit Rückschlägen umgehen, geraten Sie nicht in die typische »Jetzt-ist-es-auch-schon-egal-Falle«.

7. Andere ins Boot holen

Gemeinsam erreicht man Ziele leichter – egal ob beruflich oder privat. Holen Sie sich also Verbündete. Es macht viel mehr Spaß, sich für etwas zu engagieren, wenn der Kollege, der Partner oder die Familie mitzieht.

8. Strategisch vorgehen

Verfolgen Sie Ihre Ziele nicht einfach so. Entwickeln Sie eine Strategie, mit deren Hilfe Sie Ihre Ziele konsequent realisieren.

ZWEITER TEIL

Die eigene Zeit neu organisieren

Am Flughafen, im Auto, an öffentlichen Plätzen, auf dem Computerbildschirm, auf dem Handy und an unserem Handgelenk – überall sind Uhren. Uhren, die uns gnadenlos zeigen, wie spät es ist, wie schnell die Zeit vergeht. Uhren, die uns ständig daran erinnern, dass wir uns beeilen müssen. Die Uhr bestimmt den rasanten Takt unseres Lebens. Die Zeit verfolgt uns.

»Keine Zeit!« – so lautet der kollektive Seufzer des modernen Menschen. Doch das ist falsch. *Wir haben mehr Zeit, als wir denken.*

Noch nie hatten wir so viel freie Zeit zur Verfügung wie jetzt! Den Beweis liefern die Statistiken: Ende des 19. Jahrhunderts war ein Arbeitstag von dreizehn oder vierzehn Stunden absolut normal. Und heutzutage? Heute können wir etwa sechs Stunden Freizeit täglich genießen! Davon konnten frühere Generationen wirklich nur träumen. Aber wir haben noch einen großen Vorteil gegenüber unseren Vorfahren: Unsere Lebenserwartung ist deutlich höher! Sie ist seit 1900 in Deutschland um über 30 Jahre gestiegen. Heute liegt die Lebenserwartung für Männer bei 74 Jahren und für Frauen sogar bei 80 Jahren. Und obwohl wir immer älter werden, ist die Lebensarbeitszeit drastisch gesunken. Zudem erleichtert der rasante technische Fortschritt lästige, aber notwendige Arbeiten und hilft uns so, viel Zeit zu sparen: Waschmaschine, Spülmaschine, Staubsauger und Zentralheizung – alles Garanten für mehr freie Zeit. Dennoch sehen die meisten nichts als Zeitmangel, Zeitnot oder Zeitstress! Aber so verstellen wir unseren Blick für das großzügige Zeitbudget, das wir jeden Tag geschenkt bekommen.

Wenn der Zeitdruck wieder einmal ganz besonders schlimm ist, sollten Sie immer daran denken: Eigentlich haben Sie Zeit im Überfluss! Und es liegt allein an Ihnen, die freie Zeit für sich zu entdecken und auszukosten! Genau dabei kann das *neue Zeitmanagement* uns unterstützen. Denn es geht nicht darum, immer mehr in einen ohnehin schon übervollen Tag zu packen. Es geht darum, unsere Zeit mit dem zu füllen, was für uns wesentlich ist.

Kapitel 4
Planung statt Chaos:
Zeit gewinnen mit Zeitmanagement

Wie schafft man es, sich Zeit für das Wesentliche zu nehmen? Auch wenn es zunächst banal klingen mag: das A und O ist Planung. Denn: *Wer nicht plant, der wird verplant!*

Zeitplanung ist der Schlüssel, um Zeit produktiver, intensiver und zufriedener zu erleben. Dennoch glauben viele, dass sie sich die Zeit für ihre Planung sparen können. Sie fürchten, dass sie sich durch Planung der Tyrannei des Terminkalenders unterwerfen, dass sie keinen Freiraum mehr für Kreativität und Spontaneität haben. Doch das ist ein gewaltiger Irrtum.

Vorausschauende, überlegte Planung schafft nicht nur Raum und Zeit für Termine und Aufgaben, sondern auch für Ungeplantes, für spontane Aktivitäten und kreative Momente. Wer täglich nur acht Minuten in seine Planung investiert und diese dann konsequent umsetzt, gewinnt nachweislich jeden Tag eine volle Stunde für die wirklich wichtigen Dinge!

Das Wichtige ist selten dringlich, und das Dringliche ist selten wichtig!

Wer seine Zeit sorgfältig plant, der ist ganz klar im Vorteil. Wer plant:

- spart viel Zeit,
- hat einen besseren Überblick,
- vergisst nichts Wichtiges,
- ist vor Überraschungen sicher,
- hat weniger Stress,
- erreicht seine Ziele schneller,
- wird nicht verplant,
- lebt in Balance,
- gewinnt Zeit für das Wesentliche.

1. Geplant durch den Tag: Tagesplanung

»Gegenüber der Fähigkeit, die Arbeit eines einzigen Tages sinnvoll zu ordnen, ist alles andere ein Kinderspiel«, stellte einst Johann Wolfgang von Goethe fest.

Goethe hat recht: Die Planung des Tages ist der erste wichtige Schritt in Sachen Zeitplanung und somit auch der ideale Einstieg in Ihr ganz persönliches Zeitmanagement. Wenn Sie Ihren Tag richtig planen, bekommen Sie fast automatisch die notwendige Routine für Ihre spätere Wochen-, Monats- und Jahresplanung.

Tag für Tag

Die große Herausforderung bei der Tagesplanung besteht darin, das Beste aus jedem einzelnen Tag zu machen und sich Zeit für das Wesentliche zu nehmen.

Wenn Sie Ihren Tag planen, sollten Sie sich unbedingt Zeit für die folgenden Dinge reservieren:

Termine

Tragen Sie alle anstehenden Termine in Ihren Tagesplan ein. Benutzen Sie dazu einen Bleistift. Viele Termine werden verschoben oder entfallen. Wenn Sie einen Bleistift verwenden, können Sie diese Termine einfach ausradieren.

Aufgaben

Notieren Sie sich alle Aufgaben, die Sie an einem Tag erledigen wollen. Schreiben Sie aber nicht bloß Tätigkeiten auf. Versuchen Sie, Resultate festzulegen. Schreiben Sie nicht: »Telefonat mit Herrn Bär.« Notieren Sie: »Meeting-Agenda für Vertriebsleitertagung mit Herrn Bär abstimmen.«

Unerledigtes vom Vortag

Vergessen Sie nicht, Dinge, für die Sie am Vortag keine Zeit hatten, erneut einzuplanen. Aber überlegen Sie genau: Muss das wirklich noch gemacht werden oder hat es sich inzwischen von selbst erledigt?

Unvorhergesehenes

Planen Sie genügend Zeit für Unvorhergesehenes, Störungen und Probleme ein. Sonst ist Zeitdruck vorprogrammiert.

Kommunikation

Ein Bereich, für den wir oftmals zu wenig Zeit in unserer Planung einrechnen, ist Kommunikation. Vergessen Sie also nicht, Zeit für Telefonate, Gespräche mit Kunden, Kollegen oder Vorgesetzten und für Ihre Korrespondenz freizuhalten.

Leerzeiten

Planen Sie auch Leerzeiten, etwa Reise- oder Wartezeiten zwischen zwei Terminen. Überlegen Sie, wie Sie solche Leerzeiten sinnvoll füllen können. Reservieren Sie diese Zeiten beispielsweise für liegen gebliebene Akten oder Fachartikel.

Pausen

Gönnen Sie sich auch Zeit für Pausen. Denn Pausen sind keine Zeitverschwendung. Im Gegenteil: Pausen bringen neuen Schwung und neue Energie. Legen Sie alle 90 Minuten eine kurze Pause ein. Sonst lässt die Konzentration nach, und die Qualität Ihrer Arbeit leidet. Die Folge: Nachbessern und Mehrarbeit.

Privates

Planen Sie nicht nur Ihren Arbeitstag. Ein Tag sollte schließlich ja nicht nur aus Arbeit bestehen. Überlegen Sie sich auch, wie

Sie Ihre Freizeit sinnvoll gestalten können. Nehmen Sie sich ausreichend Zeit für Ihre Familie, Freunde, Fitness und alles, was Ihnen sonst noch Spaß macht.

Tagesbilanz

Halten Sie sich jeden Abend mindestens zehn Minuten frei, um Bilanz über den vergangenen Tag zu ziehen und den nächsten Tag zu planen.

Die ALPEN-Methode

Bestens bewährt bei der Tagesplanung hat sich die einfache, aber höchst effektive **ALPEN**-Methode. Mit dieser Methode investieren Sie täglich nur wenige Minuten in Ihre Planung, gewinnen aber sehr viel Zeit für das Wesentliche:

Aufgaben aufschreiben

Halten Sie alle Aktivitäten, Aufgaben und Termine, die Sie für einen Tag einplanen, schriftlich fest. Zeitpläne, die nur im Kopf existieren, werden meist ganz schnell verworfen. Schreiben Sie aber nicht bloß Tätigkeiten auf. Versuchen Sie, Resultate festzulegen. Fragen Sie sich schon bei der Planung, was das Ziel einer Tätigkeit ist, was Sie damit erreichen wollen.

Benutzen Sie nur einen Tagesplan, in den Sie alle Aktivitäten sorgfältig eintragen. Und vergessen Sie auch Routineaufgaben und scheinbare Kleinigkeiten nicht. Nur so behalten Sie den Überblick und können absehen, was der Tag bringen wird.

Starten Sie unbedingt mit einem *schriftlichen Plan* in den Tag. Am besten, Sie erstellen Ihren Tagesplan schon *am Vorabend.*

> »Die Arbeit dehnt sich aus, bis sie die Zeit ausfüllt, die für ihre Ausführung zur Verfügung steht.«
> *Cyril N. Parkinson*

Länge/Dauer einschätzen

Notieren Sie hinter jeder einzelnen Aktivität, wie viel Zeit Sie dafür veranschlagen müssen. Leider nehmen sich die meisten von uns viel zu viel vor. Das frustriert. *Kalkulieren Sie Ihren Zeitaufwand großzügig* und setzen Sie sich für jede Aufgabe ein *realistisches Zeitlimit.* Achten Sie darauf, dieses Limit auch einzuhalten.

Und: Denken Sie in Sachen Zeitlimit unbedingt an das *Parkinson-Gesetz.* Es besagt, dass jede Arbeit so lange dauert, wie man Zeit dafür hat. Wenn Ihnen also jemand einen Monat für eine bestimmte Aufgabe zubilligt, dann werden Sie auch einen ganzen Monat dafür brauchen! Hätte man Ihnen nur eine Woche Zeit gegeben, hätten Sie es sicher auch in einer Woche geschafft. Also: Planen Sie realistisch, gehen Sie aber nicht verschwenderisch mit Ihrer Zeit um!

Pufferzeiten einplanen

Verplanen Sie Ihren Tag nicht bis auf die letzte Minute. Denken Sie unbedingt an Pufferzeiten. Riskieren Sie nicht, dass Ihr Tagesplan durch die kleinste Störung völlig aus den Fugen gerät. Kluge Zeitplanung berücksichtigt auch *Unvorhergesehenes.* Denn: Egal, wie gut wir planen – Überraschungen wird es immer geben.

Halten Sie sich an die bewährte *Fifty-Fifty-Regel* und verplanen Sie keinesfalls mehr als 50 % Ihres Tages. Reservieren Sie 50 % Ihrer Zeit für geplante Aktivitäten und 50 % für Unvorhergesehenes, die berühmt-berüchtigten Zeitdiebe oder einen kurzen Plausch mit den Kollegen. Freuen Sie sich über den *Zeitgewinn*, wenn Sie Ihre Zeitreserven nicht angreifen müssen.

Entscheidungen treffen

Ein guter Tagesplan sollte grundsätzlich nur das enthalten, was Sie an diesem Tag erledigen wollen – und vor allem auch können. Deshalb sollten Sie Ihren Aufgabenkatalog unbedingt auf ein realistisches Maß zusammenstreichen. Richten Sie Ihr Tagespensum konsequent auf das Wesentliche aus.

Gerade in besonders hektischen Zeiten mit hoher Arbeitsbelastung ist es hilfreich, *ein bis zwei Tagesprioritäten* festzulegen. Selbst wenn der Tag höchst chaotisch verläuft, haben Sie gute Chancen, Ihre Tagesprioritäten zu erledigen. So können Sie Ihren Tag mit dem guten Gefühl abschließen, das Wichtigste geschafft zu haben.

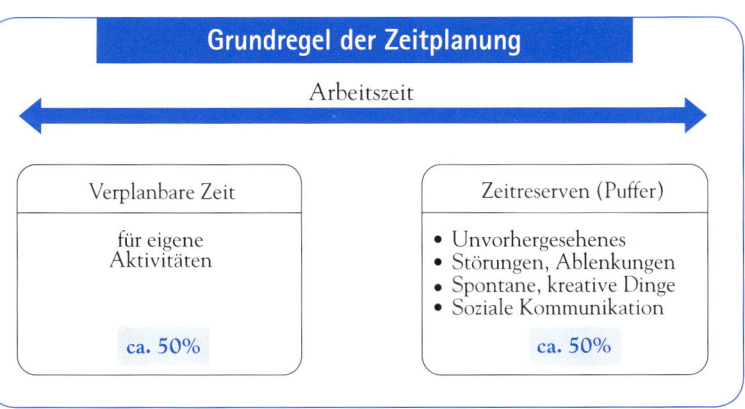

Nachkontrolle

Zur Tagesplanung gehört natürlich auch die Nachkontrolle. Ziehen Sie jeden Abend ehrlich *Bilanz*, und kontrollieren Sie, ob Sie Ihr Tagespensum erfüllen konnten. Vergessen Sie nicht, Liegengebliebenes auf den nächsten Tag zu übertragen. Und: Überlegen Sie auch, warum Sie die eine oder andere geplante Aufgabe nicht erledigen konnten:

- Haben Sie sich zu viel vorgenommen?
- Haben Sie länger gebraucht als erwartet?
- Haben Sie anderen, vielleicht unwichtigeren Dingen den Vorrang gegeben?
- Haben Sie sich ablenken lassen und so Ihren Tagesplan aus den Augen verloren?

Finden Sie heraus, wo es noch Verbesserungspotenzial in Ihrer Planung und auch in Ihrer Arbeitsweise gibt. Vielleicht können Sie manche Aufgaben vereinfachen und schneller erledigen?

Überlegen Sie auch, welche *Qualität*, welchen Wert der Tag für Sie hatte. Haben Sie sich auf das wirklich Wichtige konzentriert? Sind Sie Ihren Zielen ein Stückchen nähergekommen? Wenn nein, warum nicht? Und: Was können Sie am nächsten Tag besser machen, damit sich das ändert?

Der optimale Tag

Mit der ALPEN-Methode können Sie Ihren Tag optimal planen. Aber werden Sie nicht zu einem Planungsfetischisten, der jede einzelne Minute, jede Sekunde verplant und sich dann auch noch sklavisch an seine Pläne hält. Ganz wichtig ist, dass Sie trotz aller Planung darauf achten, im Tagesgeschehen *flexibel* zu bleiben.

Kluge Zeitplanung darf nicht einschränken. Sie soll Ihnen helfen, Ihre Ziele zu erreichen und Ihnen mehr *Zeit-Souveränität* und damit auch *mehr Lebensqualität* ermöglichen.

Deshalb genügt es nicht, wenn Sie Ihren Tag optimal planen. Ihr Tag sollte auch wirklich perfekt für Sie sein. Machen Sie aus jedem Tag einen glücklichen Tag:

- Tun Sie jeden Tag etwas, das Ihnen *Freude* macht.
- Tun Sie jeden Tag etwas, das Sie Ihren *Zielen* näher bringt.
- Tun Sie jeden Tag etwas, das einen *Ausgleich* zur Arbeit schafft.

Achten Sie darauf, dass Ihr Tagespensum nicht nur aus beruflichen Terminen und Verpflichtungen besteht! Lassen Sie nicht zu, dass Ihnen keine Zeit für Privates bleibt. Nur, wer einen Ausgleich zur täglichen Arbeit schafft, kann auf Dauer leistungsfähig und erfolgreich sein. Sorgen Sie dafür, dass Ihr Kalender auch ganz viele Termine für Geselligkeit, Wohlbefinden, Spaß und Lebensfreude enthält.

Mein Tipp: Reservieren Sie feste Termine für Ihr Privatleben. Vereinbaren Sie *Verabredungen mit sich selbst*. Blocken Sie private Termine in Ihrem Kalender. Egal, ob das Tennismatch mit dem besten Freund, das Schachspiel mit dem Sohn oder der Besuch im Fitness-Studio – halten Sie private Termine genauso gewissenhaft ein wie geschäftliche Verpflichtungen.

Motivierte Zeitplanung

Es kostet viel *Disziplin*, seine Zeitplanung und damit sein Leben konsequent auf das Wesentliche auszurichten. Deshalb sollten Sie sich Tag für Tag einen Motivationsschub verschaffen. Ziehen Sie jeden Abend *Bilanz*. Seien Sie ganz ehrlich zu sich selbst. Richten Sie Ihren Blick ganz bewusst auf Ihre Erfolge. Notieren Sie, wann immer Sie es geschafft haben, berufliche Anforderungen und private Wünsche in Einklang zu bringen, wann Sie Ihren Zielen ein Stück näher gekommen sind. Halten Sie jeden noch so kleinen Erfolg fest – das ist *Motivation* pur!

Mein Tipp: Übertragen Sie die nebenstehende kleine Checkliste in Ihren Timer, dann haben Sie die Punkte immer zur Hand.

Meine persönliche Tagesbilanz

Welche Punkte auf meinem Tagesplan habe ich heute abgearbeitet?

_____

Wo habe ich mich heute ganz besonders auf das Wesentliche konzentriert?

_____

Wo habe ich heute ganz klare Prioritäten gesetzt?

_____

Was habe ich heute ganz besonders gut gemacht?

_____

Welche Störfaktoren und Zeitdiebe hatte ich heute gut im Griff?

_____

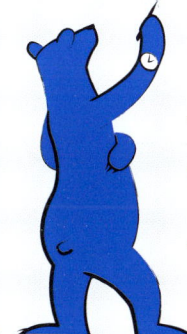 Welchen Zielen bin ich heute ein Stück nähergekommen?

_____

Was habe ich aus dem heutigen Tag gelernt?

_____

Achtung: Zeit-Fallen!

Kennen Sie das auch? Obwohl Sie sich den ganzen Tag abgerackert haben, wissen Sie abends nicht, was Sie eigentlich getan haben. Sie haben zwar viel gemacht, aber die wirklich wichtigen Dinge sind wieder einmal liegen geblieben. Vielleicht sind Sie ja in eine der folgenden Zeit-Fallen getappt?

- Arbeiten Sie ständig an mehreren Aufgaben gleichzeitig und verzetteln sich?
- Schätzen Sie den Zeitaufwand für bestimmte Arbeiten falsch ein und geraten in Zeitdruck?
- Schaffen Sie es nicht, einzelne Arbeitsabschnitte effizient zu koordinieren?
- Sind Sie schlecht organisiert und müssen häufig Ihre Unterlagen zusammensuchen?

Wenn Sie Ihren Tag Revue passieren lassen, sollten Sie immer an diese Zeit-Fallen denken. Finden Sie heraus, in welche Sie besonders oft tappen. Überlegen Sie, was Sie tun können, um das in Zukunft zu vermeiden!

Neuer Tag – neues Glück!

An manchen Tagen läuft einfach alles schief: Das Meeting platzt, der Computer lässt wichtige Daten einfach so verschwinden und auch scheinbar einfache Aufgaben ziehen sich ewig in die Länge. Frustration pur! Selbst bei perfekter Planung schleichen sich immer mal wieder solch rabenschwarze Tage ein. Aber was soll's. Das ist doch kein Weltuntergang. Morgen ist ein neuer Tag. Morgen haben Sie eine neue Chance, das Beste aus Ihrem Tag zu machen.

2. Geplant durch die Woche: Wochenplanung

Mit der Tagesplanung richten wir unseren Blick vor allem auf das, was unmittelbar vor uns liegt. So besteht die Gefahr, dass wir unseren Tag komplett mit eiligen Dingen füllen und keine Zeit mehr für das Wesentliche finden.

Oft passt einfach nicht alles Wichtige in einen Tag: Wir können nicht jeden Tag an unserer Karriere basteln, uns der Familie widmen oder unsere Fitness verbessern. Ganz anders sieht es da bei der *Wochenplanung* aus – die Wochenplanung ist der *Joker gegen den Zeitdruck* und die Hektik des Alltags. Hier gilt: Für alles, was uns wichtig ist, sollten wir uns mindestens einmal in der Woche Zeit nehmen.

Wenn Sie klare Wochenziele und Prioritäten festlegen, dann wird Ihr Wochenplan zu einem wertvollen Kompass, der Ihnen den *Weg zum Wesentlichen* weist.

Wochenplanung in drei Schritten

Um Woche für Woche Zeit für das Wesentliche zu gewinnen, müssen Sie bei der Wochenplanung ganz gezielt vorgehen. Wenn Sie die folgenden drei Schritte berücksichtigen, wird es Ihnen ganz bestimmt gelingen, jede Woche ausreichend Zeit für Ihre ganz persönlichen Ziele und Interessen zu finden:

1. Gezielt planen

Nehmen Sie sich genügend Zeit für Ihre Wochenplanung. 30 Minuten sollten Sie schon investieren, um Ihre Woche sinnvoll zu gestalten. Ganz wichtig: Planen Sie nicht nur Ihre »Arbeitswoche«, sondern auch das *Wochenende.* Berücksichtigen

Sie Ihre privaten Termine ebenso wie Ihre beruflichen Aufgaben.

Damit Sie bei Ihrer Wochenplanung nichts vergessen, sollten Sie sich eine *Checkliste* anlegen. Halten Sie Ihre Checkliste immer parat, und notieren Sie sofort, wenn Ihnen etwas einfällt, was in der kommenden Woche zu erledigen ist. Wann Sie Ihre Woche dann planen, das liegt natürlich ganz bei Ihnen. Wichtig ist, dass Sie Ihre *Woche im Voraus planen* und nicht erst zur Wochenmitte hektisch aufschreiben, was bis Freitag noch alles zu tun ist.

Bedenken Sie auch, dass Sie einige private oder geschäftliche Termine sicher vorher mit anderen abstimmen müssen. Diese Terminvereinbarungen müssen Sie treffen, bevor Sie sich an Ihre Wochenplanung begeben.

2. Systematisch vorgehen

Gehen Sie bei der Wochenplanung möglichst systematisch vor. Lassen Sie nicht zu, dass sich die ganze Woche wie von selbst mit dem üblichen, meist belanglosen Aktionismus füllt. Überlegen Sie: Was ist mir diese Woche ganz besonders wichtig? Was will ich unbedingt erreichen? Reservieren Sie zuerst *Termine für das Wesentliche*! Orientieren Sie sich dabei an Ihrer Lebensvision und Ihren Zielen. *Gehen Sie*

> Wer es nicht schafft, innerhalb einer Woche etwas für die Dinge zu tun, die ihm wirklich wichtig sind, hat sein Leben nicht im Griff.

alle Lebensbereiche durch und entscheiden Sie, wofür Sie sich *diese Woche* besonders engagieren wollen.

Größere Projekte verlangen kontinuierliches Arbeiten. Die Vorbereitung auf das Ingenieursdiplom lässt sich ebenso wenig in ein paar Tagen bewerkstelligen wie der Bau eines Hauses. Für Ihre Wochenplanung bedeutet das: Nehmen Sie Ihre langfristigen Ziele Woche für Woche ins Visier und überlegen Sie, was Sie tun müssen, um Ihre Projekte voranzutreiben.

Sicher gibt es auch viele Dinge, für die Sie sich jede Woche Zeit nehmen wollen. Hier hat es sich bestens bewährt, mit *wöchentlichen Fixterminen* zu arbeiten. Nehmen Sie sich zum Beispiel jeden Donnerstag von 10 Uhr bis 12 Uhr Zeit für Ihre wöchentliche Teamsitzung oder erklären Sie den Freitag zum Jour fixe für die Akten-Ablage. Übrigens: Wöchentliche Fixtermine sind auch im Privatleben äußerst hilfreich.

Natürlich gilt auch bei der Wochenplanung: *Nehmen Sie sich nicht zu viel vor.* Schließlich hat jedes Jahr 52 Wochen, eigentlich genügend Zeit, um seine Ziele nach und nach zu verwirklichen.

Manchmal werden sich bei Ihrer Wochenplanung auch einige Lücken in Ihrem Terminplan auftun. Nutzen Sie diese unverplante Zeit ganz bewusst für das Wesentliche – für Ihre Ziele, für Ihre Familie oder einfach auch einmal zum Nichtstun.

Ein gut strukturierter Wochenplan ist kein starres Korsett. Im Gegenteil, er ist vor allem dann hilfreich, wenn Flexibilität gefragt ist. Wenn Sie klare Wochenziele und Wochenprioritäten festgelegt haben, können Sie ganz gezielt auf Unvorhergesehenes reagieren.

3. Ruhetag einlegen

Die Woche hat sieben Tage. Sicher! Ein guter Wochenplan hat allerdings höchstens sechs Tage, zumindest was die Arbeit betrifft. Einmal pro Woche sollte sich jeder *einen freien Tag gönnen*. Und dieser Tag muss wirklich frei sein. Frei für Familie und Freunde, frei für Muße, frei für Kreativität, frei für alles, was das Leben schöner macht. An diesem Tag wird nicht gearbeitet. Auch nicht ein oder zwei Stunden. Nur wenn Sie sich die Zeit nehmen, um sich ganz entspannt auszuruhen und neue Energie zu tanken, können Sie sich wieder mit voller Kraft daran machen, Ihre Pläne zu verwirklichen und Ihre Ziele zu erreichen.

> »Die Zeit verlängert sich für alle, die sie zu nutzen wissen.«
> *Leonardo da Vinci*

Direkt ans Werk

Montagmorgen: Sie haben Ihre Woche vorausschauend geplant und auch der Tagesplan für heute sieht gut aus. Und dennoch: Irgendwie kommen Sie nicht richtig in die Gänge. Da hilft nur eines: Einfach loslegen. Wenden Sie das *Direkt-Prinzip* an. Nehmen Sie sich eine halbe Stunde Zeit, und erledigen Sie einige Aufgaben, die nur wenige Minuten beanspruchen, sofort. So stellen sich ganz schnell Erfolgserlebnisse ein, und Sie haben das Gefühl, die Kontrolle über den Tag zurückzugewinnen. Das motiviert und gibt neuen Schwung!

So funktioniert das Direkt-Prinzip

Natürlich eignet sich das Direkt-Prinzip nicht nur für Problem-Tage. Es bietet generell viele Vorteile:

- Wenn man eine Aufgabe *sofort* erledigt, geht es viel *schneller*. Schließlich hat man die Lösung ja schon im Kopf und man muss sich nicht wieder eindenken.

- Viele Aufgaben wachsen in dem Maß, in dem wir Sie vor uns *herschieben*. Erledigen wir etwas hingegen sofort, können wir es mit minimalem Aufwand bewältigen.

- Was wir sofort erledigen, dass können wir *nicht vergessen*.

- Soforterledigung erleichtert die *Übersicht*. Alles, was sofort erledigt wird, kann auch sofort abgelegt oder entsorgt werden.

- Was sofort erledigt wird, blockiert weder Ihren Schreibtisch noch Ihren Kopf.

Achtung: Direkt-Prinzip bedeutet nicht, einfach wild draufloszuarbeiten, sobald eine kleinere Aufgabe auf Ihrem Schreibtisch landet. Vielmehr hilft es Ihnen, Mini-Aufgaben in einem Zuge abzuarbeiten. Machen Sie es sich zur Gewohnheit, Aufgaben, die nicht länger als *drei Minuten* beanspruchen, sofort komplett zu erledigen. In drei Minuten können Sie eine ganze Menge schaffen: Excel-Listen aktualisieren, Anfragen beantworten oder Bestellungen aufgeben.

3. Geplant durch das Jahr: Langfristig planen

Je länger der Planungszeitraum, desto wichtiger ist es, dass das Wesentliche – Ihre Ziele, Wünsche und Träume – seinen Platz findet. Und hier hat die Jahresplanung natürlich einen besonderen Stellenwert. Denn: Wir messen unsere Lebenszeit nicht in Wochen oder Monaten, sondern in Jahren.

In einem Jahr kann man unglaublich viel erreichen: Ein unsportlicher Mensch kann in einem Jahr zum Marathonläufer werden. Eine kleine Firma kann nach einem Jahr erste Erträge erbringen. Und: Wenn ein Unternehmen saniert wird, erwartet man nicht schon nach einem Monat oder dem ersten Quartal Erfolgsmeldungen. Nach einem Jahr allerdings schon. Das Jahr ist ein ganz *entscheidender Zeitraum* für unser persönliches Zeitmanagement.

Das Jahr im Blick

Um längere Zeiträume zu planen, hat es sich bewährt, erst einmal *Bilanz ziehen*. Blicken Sie auf die Erfolge und die Misserfolge des vergangenen Jahres zurück – in allen Lebensbereichen. Wo standen Sie vor zwölf Monaten? Welche Ziele hatten Sie? Haben Sie diese *Ziele* inzwischen erreicht?

Überlegen Sie:

- Welche privaten und beruflichen Erfolge hatte ich im vergangenen Jahr?
- Wie und warum konnte ich diese Erfolge erzielen?
- Welche Konsequenzen ziehe ich aus diesen Erfolgen für das kommende Jahr – beruflich und privat?

Wenden Sie sich dann Ihren *Misserfolgen* zu. Überlegen Sie:

- Welche privaten und beruflichen Misserfolge hatte ich im vergangenen Jahr?
- Was sind die Gründe für diese Misserfolge?
- Welche Konsequenzen ziehe ich aus diesen Misserfolgen für das kommende Jahr – beruflich und privat?

Leiten Sie aus Ihren Erfolgen, aber auch aus Ihren Misserfolgen Ihre Jahresziele ab. Setzen Sie sich *herausfordernde Ziele* für alle Lebensbereiche. Vergessen Sie nicht, Ihre Lebensvision zu berücksichtigen. Sonst laufen Ihre Pläne schnell ins Leere.

Ein Jahresrückblick ist ungemein motivierend. Denn: Zwölf Monate sind ein herausfordernder Planungshorizont, in dem sich sehr viel bewegen lässt.

Zwölf Monate sind ein Jahr

Monatsplanung ist nichts anderes, als den Jahresplan durch zwölf zu teilen? Nicht ganz, denn: Natürlich können Sie Ihre Jahreszielplanung, Ihre Pläne und Projekte nicht in genau zwölf gleiche Teile zerlegen. Deshalb muss auch der Monat – genau wie der Tag und die Woche – eigenständig geplant werden. Am einfachsten geht das, wenn Sie hierbei folgendermaßen vorgehen:

- Analysieren Sie den abgelaufenen Monat.
- Planen Sie den neuen Monat.
- Legen Sie die nächsten konkreten Schritte zur Umsetzung Ihrer Jahreszielplanung fest.

Mein Tipp: Legen Sie eine Monatsmappe mit 31 Fächern für die einzelnen Tage an. Bewahren Sie dort alles auf – von Einladungen zu Meetings, über Theaterkarten und Protokollen bis hin zu Anfahrtsskizzen. Wenn Sie jeden Morgen den entsprechenden Tag zur Hand nehmen, haben Sie alles, was ansteht, gleich griffbereit. Die Zeit der hektischen Suche in unübersichtlichen Stapeln ist endgültig passé.

Übrigens: Eine Monatsmappe leistet nicht nur im Büro, sondern auch zu Hause gute Dienste.

4. Auswahl: Zeit für Prioritäten

Wer seinen Tag, seine Woche und natürlich auch sein Leben sinnvoll planen will, muss sich auf die Dinge konzentrieren, die ihm wirklich wichtig sind. Nur, wer ganz gezielt Prioritäten setzt, kann auch selbstbestimmt mit seiner Zeit umgehen. Denn: Erfolgreiches Zeitmanagement ist im Grunde genommen nichts anderes als konsequentes *Prioritäten-Management*. Doch wie schafft man es, sich auf das Wesentliche zu konzentrieren? Wie findet man heraus, was Vorrang hat?

Um in der Hektik des Alltags den Überblick zu behalten, ist es hilfreich, zwischen *»dringlichen«* und *»wichtigen«* Aufgaben zu unterscheiden. Diese Unterscheidung – übrigens eine Erfindung des amerikanischen Präsidenten Dwight D. Eisenhower – ist überaus praktisch, wenn schnell geklärt werden muss, was Vorrang hat.

Wichtig erscheinen zunächst alle Aufgaben. Wirklich wichtig ist jedoch nur, was uns unseren Zielen, Träumen und Wünschen näher bringt. Ganz besonders wichtig sind: Zukunft, Werte, Menschen, Gesundheit, Ziele, Ergebnisse und Erfolg.

Dringlich sind alle Aufgaben, die bis zu einem bestimmten Termin erledigt sein müssen. Dringliches erfordert unsere unmittelbare Aufmerksamkeit. Daher steht dringlich für Zeitdruck, Soforterledigung, Stress und Probleme.

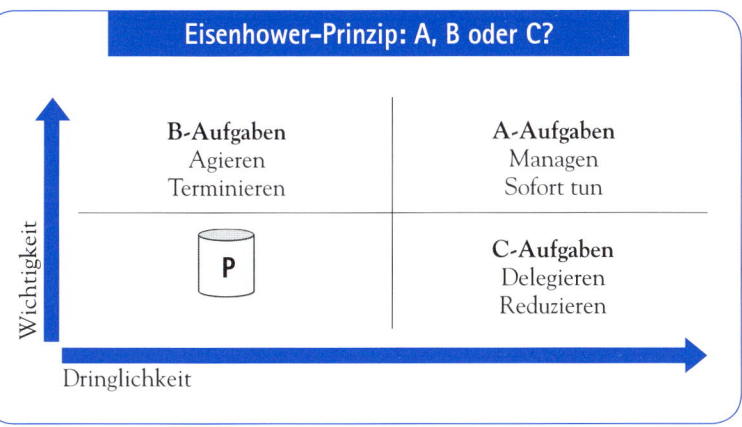

Folgt man dem *Eisenhower-Prinzip*, ergeben sich vier Hauptkategorien für ein effektives Prioritäten-Management:

A: Wichtige und dringliche Aufgaben
A-Aktivitäten sind äußerst wichtig und noch dazu mit einem festen Termin gekoppelt. A-Aufgaben müssen Sie selbst in An-

griff nehmen. Meist handelt es sich um Probleme, denn: Eigentlich sollten wir dafür sorgen, dass Wichtiges nicht auch noch dringlich wird und dann unter extrem hohem Zeitdruck erledigt werden muss. *Ziel: A-Aufgaben reduzieren!*

B: Wichtige, aber nicht dringliche Aufgaben

B-Aktivitäten sind wichtig, haben jedoch keinen festen Termin. Und genau das ist das Problem. Denn: Die Gefahr ist groß, dass wir unwichtigen, aber dringlichen Aufgaben den Vorzug geben. Geben Sie deshalb Ihren B-Aktivitäten einen ganz konkreten Termin. Stellen Sie diese Aufgaben nicht allzu lange zurück! Sonst werden sie ohne Not dringlich, wandern in Kategorie A und müssen unter hohem Zeitdruck erledigt werden. *Ziel: B-Aufgaben präferieren!*

C: Dringliche, aber unwichtige Aufgaben

C-Aktivitäten beanspruchen den größten Teil unserer Zeit, bringen uns aber bei näherer Betrachtung nicht wirklich weiter. Hier stecken unsere Zeitreserven, daher sollten wir C-Aufgaben möglichst streichen, reduzieren oder aber anderen übertragen. *Ziel: C-Aufgaben minimieren!*

P: Aufgaben, die weder wichtig noch dringlich sind

P-Aktivitäten können ohne Bedenken vernachlässigt werden. Deshalb gilt hier: *Mut zum Papierkorb!* Die meisten P-Aufgaben können Sie bedenkenlos in der »Ablage P« entsorgen. Stellt sich im Nachhinein etwas doch noch als wichtig oder dringlich heraus, wird Sie ganz sicher jemand daran erinnern. *Ziel: P-Aufgaben eliminieren!*

Ein ganz bedeutender Unterschied

Leider ist es gar nicht so leicht, Wichtiges von Dringlichem zu unterscheiden. Versuchen Sie es einfach:

1. Ihre Visitenkarten gefallen Ihnen nicht mehr. Sie brauchen also neue.
Wichtig oder dringlich? Oder sogar beides?

❑ wichtig?   ❑ dringlich?

Die Antwort: Wichtig, aber nicht dringlich.
Sammeln Sie Ideen für neue Visitenkarten, und setzen Sie sich einen Termin, bis wann die neuen Karten fertig sein sollen.

2. Sie bekommen eine Einladung zu einem Meeting. Die Tagesordnungspunkte auf der beigefügten Agenda haben allerdings reichlich wenig mit Ihrem Tätigkeitsbereich zu tun.
Wichtig oder dringlich? Oder sogar beides?

❑ wichtig?   ❑ dringlich?

Die Antwort: Weder wichtig noch dringlich!
Wenn Sie schon vorher wissen, dass Ihre Teilnahme an einem Meeting überflüssig ist, sollten Sie sich diesen Termin sparen.

3. Sie haben Post vom Finanzamt. Wenn Sie Ihre Steuererklärung nicht endlich abgeben, drohen Verzugszinsen.
Wichtig oder dringlich? Oder sogar beides?

❑ wichtig?   ❑ dringlich?

Die Antwort: Wichtig und dringlich!
Sicher haben Sie die Steuererklärung schon lange vor sich hergeschoben. Nun ist aus einer wichtigen Sache auch noch eine höchst dringende Angelegenheit geworden. Da hilft nur eines: Sofort erledigen!

4. Ihr Partner wünscht sich, dass Sie sich wieder einmal ein langes Wochenende in dem romantischen kleinen Hotel gönnen, das Sie beide so lieben.

Wichtig oder dringlich? Oder sogar beides?

❑ wichtig?   ❑ dringlich?

Die Antwort: Wichtig, aber nicht dringlich! Es ist natürlich wichtig, dass Sie Zeit mit Ihrem Partner verbringen. Schauen Sie also in Ihren Terminkalender, wann es Ihnen beiden passt. Legen Sie Ihren Wunschtermin fest und planen Sie Ihr schönes langes Wochenende in aller Ruhe.

Prioritäten haben Vorfahrt!

»*Asap* – as soon as possible« ist heute das Maß aller Dinge in Sachen Termine und Zeitvorgaben. Jeder will alles – und zwar sofort! Alles ist dringlich, doch unsere eigenen Prioritäten bleiben dabei auf der Strecke. Häufig sind wir den ganzen Tag nur damit beschäftigt, Dinge zu erledigen, die andere von uns einfordern. Wir richten unser Tun an der *Dringlichkeit anderer* aus und investieren so den Großteil unserer Zeit in unwichtige C-Aktivitäten. Erfolgreiche Menschen verbringen ihren Tag mit wichtigen Dingen – weniger erfolgreiche verbringen ihren Tag mit dringlichen Dingen. Die Unterscheidung zwischen wichtig und dringlich ist die Entscheidung zwischen leben und gelebt werden.

Und Sie? *Leben Sie oder werden Sie gelebt?* Bestimmen Sie, womit Sie Ihre Zeit verbringen oder tun es die anderen? Machen Sie den Test:

Nehmen Sie ein Blatt Papier und teilen es in zwei Hälften. Notieren Sie auf der einen Hälfte *fünf Dinge*, die Ihnen besonders wichtig sind. Auf die andere Hälfte schreiben Sie, womit Sie Ihre Zeit in den letzten *vier Wochen* tatsächlich verbracht haben.

Das ist mir wichtig:	Damit verbringe ich meine Zeit:
1.	1.
2.	2.
3.	3.
4.	4.
5.	5.

Stimmen Ihre Listen überein? Leider tun sie das meist nur teilweise oder überhaupt nicht. Denken Sie daran: Sie setzen in Ihrem Leben die Prioritäten – nicht die anderen! Ihre ureigensten Prioritäten haben Vorfahrt!

Das kommt zuerst!

Da wir unsere Zeit nun einmal nicht beliebig vermehren können, ist es umso wichtiger, unsere *Prioritäten* so zu setzen, dass uns möglichst viel Zeit für das Wesentliche bleibt. Aber wie geht das?

- Tappen Sie nicht in die Dringlichkeits-Falle.
- Investieren Sie Ihre Kräfte in wichtige Aufgaben.
- Belasten Sie sich nicht mit überflüssigen Aufgaben.

Vier Rezepte gegen C-Aufgaben

Investieren Sie möglichst wenig Zeit in C-Aktivitäten. Mit den folgenden vier Rezepten weisen Sie dringliche, aber unwichtige Tätigkeiten in ihre Schranken:

1. Eliminieren

Fragen Sie sich immer, ob es nötig ist, eine Aufgabe zu erledigen:
Muss das *überhaupt* gemacht werden?
Nein ➜ Streichen Sie diese Aufgabe von Ihrer To-do-Liste.

2. Delegieren

Prüfen Sie, ob Sie eine Tätigkeit abgeben können:
Muss ich diese Aufgabe *selbst* erledigen?
Nein ➜ Geben Sie diese Aufgabe ab.

3. Terminieren

Überlegen Sie, ob etwas wirklich so dringlich ist, wie es auf den ersten Blick scheint, oder ob Sie es nicht doch auf einen anderen Zeitpunkt verschieben können:
Muss das jetzt *sofort* erledigt werden?
Nein ➜ Verschieben Sie diese Aufgabe auf später.

4. Rationalisieren

Versuchen Sie, dringliche Aufgaben möglichst rationell zu erledigen. Vereinfachen Sie, wo es nur geht:
Muss das *auf diese Weise* erledigt werden?
Nein ➜ Optimieren Sie diese Aufgabe.

Übrigens sind diese vier Rezepte nicht nur ein gutes Mittel gegen C-Aktivitäten. Sie sollten sie eigentlich bei allem, was Sie tun, anwenden.

- Überlegen Sie, welche Konsequenzen zu erwarten sind, wenn Sie eine Aufgabe nach hinten terminieren.
- Beziehen Sie andere in die Erledigung Ihrer Aufgaben ein.
- Prüfen Sie, wie Sie Aufgaben effizient erledigen können.
- Machen Sie sich bewusst, dass Sie nicht immer allen Anforderungen von außen gerecht werden können.

Alles im Eimer?

Natürlich können wir uns nicht den ganzen Tag nur A- oder B-Aufgaben widmen und Aktivitäten mit der Priorität C ganz aus unserer Zeitplanung streichen. Deshalb ist es hilfreich, wenn Sie Ihre Aktivitäten nach dem sogenannten Kieselprinzip planen.

> »Keine Zeit« – gibt es nicht. Nur andere Prioritäten!
> *Michael A. Denck*

Stellen Sie sich Ihr Zeitbudget einfach als Eimer vor. Füllen Sie Ihren Eimer immer nach dem *Kieselprinzip*. Legen Sie zuerst die großen Kiesel, die für wichtige Prioritäten stehen, in den Eimer. Erst wenn die großen Kiesel Platz gefunden haben, sind die kleinen Steinchen dran. So finden Sie garantiert Zeit für das Wesentliche!

Ist Ihnen das zu theoretisch? Dann werden Sie doch einfach konkret. Der nachfolgende Tagesplan ist ganz konsequent nach dem Kieselprinzip ausgerichtet:

Ein Tag für das Wesentliche

8:00 – 10:00 Uhr
First Things first! Arbeiten Sie an einer A-Aufgabe. Konzentrieren Sie sich gleich zu Beginn des Tages auf das Wesentliche. Lassen Sie sich nicht ablenken!

10:00 – 11:00 Uhr
Kommunikation statt Konzentration! Legen Sie Ihre A-Aufgabe nun zur Seite. Machen Sie eine kurze Pause, und widmen Sie sich etwas weniger anstrengenden Tätigkeiten. Nehmen Sie sich nun Zeit für Gespräche, Telefonate und Korrespondenz.

11:00 – 12:00 Uhr
Das Wesentliche im Blick! Schließen Sie den Vormittag mit voller Konzentration auf das Wesentliche. Machen Sie noch einmal eine kleine Pause, und widmen Sie sich dann voll und ganz wieder einer Ihrer A-Aufgaben.

12:00 – 13:00 Uhr
Regeneration! Gönnen Sie sich eine ausreichende Mittagspause. Vielleicht gehen Sie ja ein paar Schritte um den Block? Frische Luft setzt neue Energien für den zweiten Teil des Tages frei.

13:00 – 14:00 Uhr
Zeit für Dringliches! Widmen Sie sich eine volle Stunde Ihren C-Aufgaben, E-Mails und Posteingängen. Alles, was Sie in dieser Stunde nicht schaffen, sollten Sie sich für den nächsten Tag vornehmen, an andere delegieren oder noch besser ganz von Ihrer To-do-Liste streichen.

14:00 – 16:00 Uhr	*Eine Frage der Strategie!* Machen Sie eine kurze Pause und nutzen Sie die Zeit bis 16:00 Uhr für Ihre strategisch wichtigen B-Aktivitäten. Arbeiten Sie voll konzentriert, lassen Sie möglichst keine Ablenkungen, Störungen und Unterbrechungen zu. Sie wissen: Hier arbeiten Sie schon heute an den Erfolgen von morgen.
16:00 – 17:00 Uhr	*Kommunikation statt Konzentration* Meist planen wir zu wenig Zeit für Kommunikation ein. Also: Nehmen Sie sich noch einmal eine Stunde Zeit für Gespräche, Meetings oder Telefonate.
17:00 – 17:30 Uhr	*Bilanz ziehen!* Nehmen Sie Ihren Tagesplan zur Hand und kontrollieren Sie, ob Sie Ihr Pensum geschafft haben. Erstellen Sie Ihre Tagesbilanz, und machen Sie dann den *Plan für den nächsten Tag.*
Feierabend	*Zeit für Privates!* Verplanen Sie Ihren Tag nicht nur mit Geschäftlichem. Reservieren Sie auch Ihrem Privatleben ausreichend Zeit!

Eine nach dem Kieselprinzip ausgerichtete Zeitplanung mit eindeutigen Prioritäten und ausreichend Zeitfenstern für das wirklich Wichtige ist der Schlüssel für eine ausgewogene Zeit- und Lebensbalance. Planen Sie also nicht nur Ihren Tag, sondern auch Ihre Woche und Ihr Leben nach dem Kieselprinzip. Nehmen Sie sich immer zuerst *Zeit für die großen Kieselsteine*.

Prioritäten unter der Lupe

A, B oder C? Diese Unterscheidung ist das Erfolgsgeheimnis, wenn es darum geht, schnell und einfach herauszufinden, was wichtig ist. Manchmal – besonders in Sachen Lebensprioritäten – sollte man jedoch genauer hinsehen. Hier empfehle ich die *1 bis 10-Methode*. Auch sie funktioniert ganz einfach:

Geben Sie allen Aufgaben und Zielen eine Note. 10 steht für sehr wichtig – 1 für völlig unwichtig, ja überflüssig. Achten Sie darauf, nicht alles im Mittelmaß mit 4, 5 oder 6 zu bewerten. Machen Sie klare Unterschiede, nur so trennen Sie die Spreu vom Weizen!

Prioritäten nach Prinzip

Wie wichtig es ist, sich auf die großen Kieselsteine, also auf das Wesentliche zu konzentrieren, belegen die Erkenntnisse des italienischen Volkswirtschaftlers Vilfredo Pareto. Dieser hat im 19. Jahrhundert Erstaunliches herausgefunden – nämlich, dass 20 Prozent der Menschen 80 Prozent des Besitzes ihr Eigen nennen. Und das Erstaunliche: Das sogenannte *Pareto-Prinzip* –

auch *80/20-Regel* genannt – lässt sich auf viele andere Lebensbereiche übertragen:

- 20% der Kunden bringen 80% des Umsatzes.
- 20% der Schreibtischarbeit ermöglichen 80% des Arbeitserfolges.
- 20% der Besprechungszeit bewirken 80% der Ergebnisse.
- 20% der Zeitung enthalten 80% der Nachrichten.
- 20% unserer Beziehungen bewirken 80% unseres Glücks.

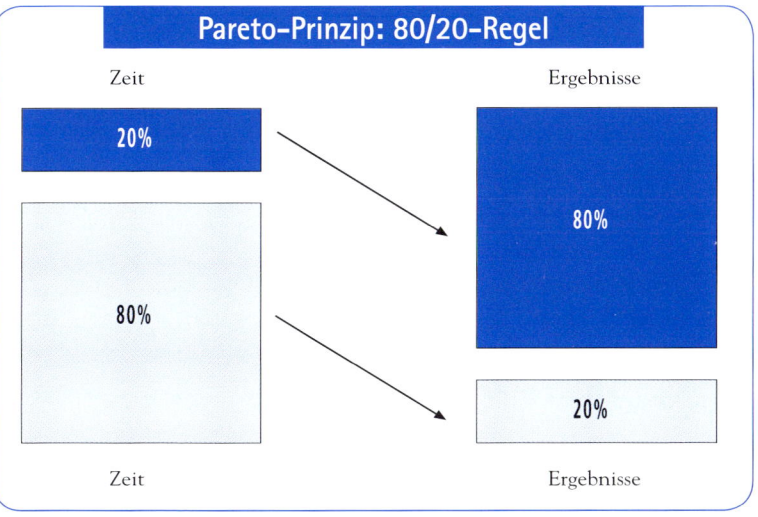

Für unseren Umgang mit der Zeit bedeutet das: *In 20 Prozent der aufgewendeten Zeit erzielen wir 80 Prozent der Ergebnisse.* Dennoch verbringen viele ihre Zeit mit nebensächlichen Aufgaben und unwichtigen Problemen – reine Zeitverschwendung!

Mein Tipp: Finden Sie heraus, wo bei Ihnen die entscheidenden 20 Prozent liegen. Meist sind es die Dinge:

- die wir am besten können,
- die uns besonders Spaß machen,
- die anderen einen großen Nutzen bieten.

Setzen Sie *klare Prioritäten,* und investieren Sie Ihre Zeit in die entscheidenden 20 Prozent. Nutzen Sie Ihre Zeit für:

- alles, was Sie Ihrer Lebensvision und Ihren Zielen näher bringt,
- alles, was Sie schon längst einmal machen wollten,
- alles, was sich bereits nach dem Pareto-Prinzip bewährt hat,
- alles, was Ihnen hilft, Zeit zu sparen oder Arbeitsergebnisse zu optimieren,
- alles, was Ihre Kreativität voll zur Geltung bringt.

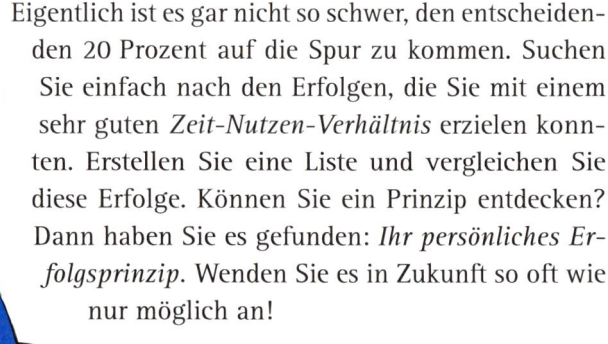

Eigentlich ist es gar nicht so schwer, den entscheidenden 20 Prozent auf die Spur zu kommen. Suchen Sie einfach nach den Erfolgen, die Sie mit einem sehr guten *Zeit-Nutzen-Verhältnis* erzielen konnten. Erstellen Sie eine Liste und vergleichen Sie diese Erfolge. Können Sie ein Prinzip entdecken? Dann haben Sie es gefunden: *Ihr persönliches Erfolgsprinzip.* Wenden Sie es in Zukunft so oft wie nur möglich an!

Das Richtige tun

Wer sich auf das Wesentliche konzentrieren will, muss die *richtigen Dinge* tun. Auch ausgeklügelte Zeitpläne bringen uns nicht weiter, wenn wir uns mit Nebensächlichkeiten aufhalten. Sicher bekommen wir unseren Alltag mit unseren Zeitplänen besser in den Griff. Wir steigern unsere *Effizienz* und tun das, was wir tun, richtig. Wenn wir uns dabei jedoch auf die falschen Dinge konzentrieren, dann haben wir nach wie vor massive Probleme, unsere Zeit sinnvoll und richtungsweisend zu nutzen. Allerdings sind wir dabei wesentlich besser organisiert!

Effizienz allein führt also offenbar nicht zum erhofften Erfolg. Stellen Sie sich vor, Sie legen in Rekordgeschwindigkeit eine bestimmte Strecke zurück, merken dann jedoch, dass Sie nicht am angestrebten Ziel angekommen sind. Wenn Sie sich nur auf Effizienz konzentrieren, kann Ihnen genau das passieren. Ohne sich Gedanken über das Ziel zu machen, führen die meisten Wege in die Irre und sind oft – obwohl hoch effizient beschritten – sinnlose Kraft- und Zeitverschwendung.

> »Man kann alles richtig machen und doch das Wichtigste versäumen.«
> *Alfred Andersch*

Es geht nicht allein darum, die Dinge richtig zu tun. Nein! Es kommt auch darauf an, die richtigen Dinge zu tun! Und das ist keine Frage der Effizienz, sondern der *Effektivität*:

- Effektivität bedeutet, die *richtigen Dinge* zu tun.
- Effizienz heißt, die *Dinge richtig* zu tun.

Dabei kommt die Effektivität vor der Effizienz. Wichtig ist also, dass wir nicht nur unsere Effizienz, sondern auch unsere Effektivität steigern. Denn nur, wenn wir die richtigen Dinge richtig tun, führt Zeitmanagement auch zum Wesentlichen und wird so zum Lebensmanagement!

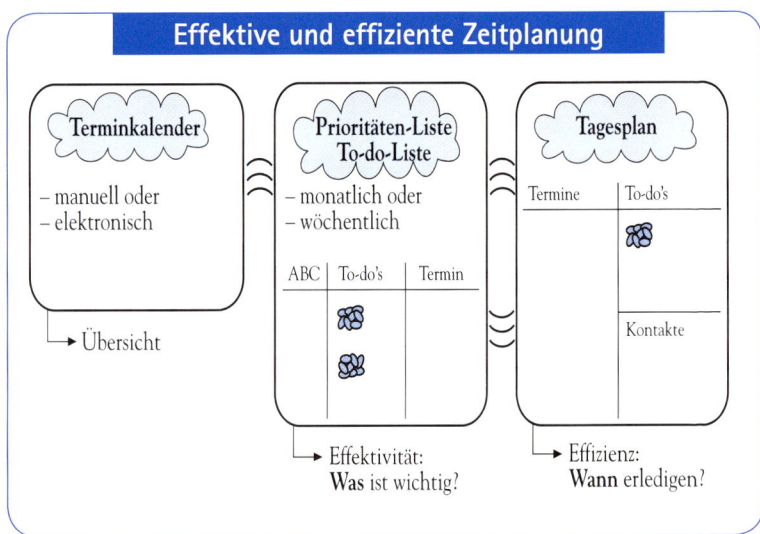

Effektive und effiziente Zeitplanung

Terminkalender
– manuell oder
– elektronisch

→ Übersicht

**Prioritäten-Liste
To-do-Liste**
– monatlich oder
– wöchentlich

ABC	To-do's	Termin
	🔵	
	🔵	

→ Effektivität:
Was ist wichtig?

Tagesplan

Termine	To-do's
	🔵
	Kontakte

→ Effizienz:
Wann erledigen?

5. Entlastung: Ein Nein für das Wesentliche

Brötchen holen, Kaffee machen, Müll wegbringen: Warum erwischt es immer ausgerechnet Sie? Ganz einfach! Weil Sie nicht Nein sagen können! Und: Die anderen wissen das! Geben Sie anderen nicht länger eine Blankovollmacht über Ihre Zeit. Denn: Wer sich auf das Wesentliche konzentrieren will, der muss *Nein sagen können.*

Leider fällt es den meisten von uns sehr schwer, Nein zu sagen. Doch das Nein-Sagen kann man lernen.

Sicher fällt es Ihnen viel leichter, Ja zu sagen. Richtig? Gut: Bevor Sie Nein sagen, sagen Sie laut und deutlich Ja! Nicht zu anderen, sondern zu sich selbst! Sagen Sie:

- Ja! Ich möchte Zeit für das Wesentliche haben!
- Ja! Ich möchte meine eigenen Ziele, Wünsche und Interessen verfolgen!
- Ja! Ich möchte meine eigenen Prioritäten setzen!
- Ja! Ich möchte selbstbestimmt über meine Zeit verfügen!

Haben Sie *Ja* zu sich, zu Ihren *Zielen*, zu Ihren *Wünschen*, zum *Wesentlichen* gesagt? Dann sollten Sie nun ganz gezielt Nein sagen. Nein zu:

- unliebsamen Aufgaben, die man einfach bei Ihnen ablädt,
- dem Gedanken, es allen recht machen zu müssen,
- Interessen und Prioritäten anderer,
- Dingen, die Ihnen völlig unwichtig sind,
- unnötigem Stress.

Ganz wichtig: Wenn jemand etwas von Ihnen möchte, lassen Sie sich nicht überrumpeln. Nehmen Sie sich Zeit für Ihre Antwort. Erbitten Sie eine angemessene *Bedenkzeit* und nutzen Sie diese Zeit, um sich klar darüber zu werden, welche *Konsequenzen* ein Ja für Sie hätte:

- Was soll ich eigentlich genau tun?
- Möchte ich das wirklich machen?
- Habe ich überhaupt Zeit, der Bitte zu entsprechen?
- Wie viel Zeit und Energie wird mich ein Ja kosten?
- Handelt es sich um einen einmaligen Gefallen oder um eine Bitte, die auch zukünftig immer wieder an mich herangetragen wird?
- Welche Abstriche muss ich machen, wenn ich der Bitte nachkomme?
- Wem tue ich mit meinem Ja einen Gefallen? Wird sie oder er sich bei mir revanchieren?

Sagen Sie doch einfach »automatisch« Nein! Lassen Sie das Ihren Anrufbeantworter für Sie erledigen. Aber: Unbedingt später zurückrufen!

Lassen Sie sich nicht zu einem schnellen Ja hinreißen. Vergessen Sie nicht: Es ist nicht schlimm, Nein zu sagen. Es ist viel schlimmer, Ja zu sagen und dann sein Versprechen nicht oder nur halbherzig einhalten zu können.

Kleiner Nein-Ratgeber

Charmant Nein sagen

Ein charmantes Nein geht wesentlich leichter über die Lippen. Und es kommt bei Ihrem Gegenüber auch wesentlich besser an.

Verständnis zeigen

Zeigen Sie Verständnis für das Anliegen, das man an Sie heranträgt. Formulieren Sie Ihr Nein etwa so: »Ich kann gut verstehen, dass Sie Hilfe brauchen. Aber im Moment habe ich leider selbst so viel um die Ohren, dass ich Ihnen nicht weiterhelfen kann.«

Danke sagen

Eine schöne Geste ist es, sich dafür zu bedanken, dass man Ihnen eine bestimmte Aufgabe zutraut: »Danke, dass Sie an mich gedacht haben! Ich würde diese Herausforderung auch sehr gerne annehmen, doch leider platzt mein Terminkalender aus allen Nähten.«

Lösungsvorschlag anbieten

Besonders weich lehnen Sie eine Bitte ab, wenn Sie dabei gleich einen anderen Lösungsvorschlag anbieten. So zeigen Sie, dass das Anliegen des anderen Ihnen nicht egal ist: »Ich kann Ihnen leider nicht weiterhelfen. Aber ich kann Ihnen einen externen Dienstleister empfehlen, der das schnell und preiswert für Sie erledigen könnte.«

Entgegenkommen zeigen

Ganz elegant können Sie ein Nein abfedern, wenn Sie Entgegenkommen signalisieren: »Diesmal kann ich Sie leider nicht unterstützen. Diese Woche habe ich einfach viel zu viel zu tun. Aber wenn das Problem nächste Woche noch immer akut ist, sprechen Sie mich doch einfach noch einmal an.«

Teilweise ablehnen

Manchmal muss es gar kein striktes Nein sein. Vielleicht sind Sie ja bereit, einen Teil der Bitte zu erfüllen? Tun Sie dies aber nur, wenn Sie es auch wirklich wollen!

Sagen Sie *charmant Nein*, ohne Ihr Gegenüber zu verletzen. Denken Sie immer daran, Ihre ablehnende Haltung klar zu begründen, denn für ein wohlbegründetes Nein hat fast jeder Verständnis. Entschuldigen Sie sich nicht andauernd für Ihr Nein. Jeder hat das Recht, auch einmal eine Bitte abzulehnen oder Zeit für sich zu beanspruchen. Lernen Sie »Nein« zu sagen – höflich, aber bestimmt und vor allem ganz *ohne Schuldgefühle*. Beherzigen Sie das einfache, aber höchst wirkungsvolle Motto: »Ja« sagen, wenn nötig, »Nein« sagen, wenn möglich!«

Und falls Sie doch einmal Ja sagen, dann beachten Sie unbedingt die *Plus-Minus-Null-Regel*. Egal, ob im Job oder im Privatleben – wenn Sie eine neue Aufgabe übernehmen, dann geben Sie immer ganz konsequent eine alte Verpflichtung dafür ab!

Nein sagen kann man üben. Fangen Sie mit kleinen alltäglichen Dingen an:

- Im Restaurant, wenn der Tisch in der dunklen Ecke Ihnen nicht gefällt.

- An der Supermarktkasse, wenn Sie jemanden nicht vorlassen wollen.

6. Einfach abgeben: Gekonnt delegieren

Um sich auf das Wesentliche zu konzentrieren, muss man auch *loslassen können* und bereit sein, anderen Aufgaben und Verantwortung zu übertragen. Leider sind die meisten von uns ewige »Selbermacher«. Doch: Warum scheuen sich so viele, Aufgaben zu delegieren? Ganz einfach: Sie befürchten, dass bestimmte Aufgaben nicht so erledigt werden, wie sie es

> »Ich arbeite nach dem Prinzip, dass man niemals etwas selbst tun soll, was jemand anderes für einen erledigen kann.«
> *John D. Rockefeller*

sich vorstellen. Und: Sie glauben, dass sie selbst es viel besser können als die anderen. Das ist fatal! Nicht immer sind die Ergebnisse »einsamer« Arbeit die besten. Im Gegenteil: In den meisten Fällen ist geteilte Arbeit doppelter Erfolg! Jeder tut das, was er am besten kann, und alle haben das schöne Gefühl, an einem Strang zu ziehen. So bereitet die Arbeit nicht nur weniger Stress, sondern macht auch wesentlich mehr Spaß.

Sind Sie auch ein Selbermacher? Dann sollten Sie überlegen, warum es Ihnen so schwerfällt, Aufgaben abzugeben. Vielleicht machen Sie sich ja gerne unentbehrlich? Vielleicht geben Sie ungern Kompetenzen und damit auch Herrschaftswissen ab? Vielleicht möchten Sie auch nicht, dass andere Ihre Lorbeeren ernten? Sie finden, das sind ganz schön *provokante Thesen?* Mag sein, doch: Nur wenn Sie ganz ehrlich sind, können Sie erkennen, was Sie daran hindert, Aufgaben zu delegieren. Und: Nur so können Sie das in Zukunft ändern!

Selbst-Check: Können Sie delegieren?

»Selbermacher« oder abgabefreudiges Delegations-Talent?
Finden Sie es heraus.

	Ja	Nein
Sind Überstunden für Sie an der Tagesordnung und nehmen Sie regelmäßig Arbeit mit nach Hause?	❐	❐
Haben Sie zu wenig oder gar keine Zeit, um Ihre Aufgaben im Voraus zu planen?	❐	❐
Müssen Sie häufig wichtige Aufgaben aufschieben, um etwas anderes zu erledigen?	❐	❐
Stehen Sie oftmals unter Druck, um wichtige Termine einhalten zu können?	❐	❐
Haben Sie kaum Zeit für private Termine, für Freunde, Familie oder Fitness?	❐	❐
Verbringen Sie viel Zeit mit Routinearbeiten, die andere erledigen könnten?	❐	❐
Übernehmen Sie oft Aufgaben von anderen, die diese auch selbst erledigen könnten?	❐	❐
Werden Sie von Mitarbeitern oder Kollegen mit Fragen und Problemen zu laufenden Projekten überhäuft?	❐	❐
Ist Ihr Schreibtisch voll beladen, wenn Sie von einer Geschäftsreise oder aus dem Urlaub zurückkommen?	❐	❐

Um zu erfahren, ob Sie delegieren können oder nicht, zählen Sie einfach Ihre Ja-Antworten zusammen:

0 – 2 Ja-Antworten: Sie sind wirklich abgabefreudig und delegieren ganz hervorragend!

3 – 5 Ja-Antworten: Hin und wieder gelingt es Ihnen, Aufgaben abzugeben. Doch: Sie haben noch Abgabepotenzial.

6 – 9 Ja-Antworten: Sie sind ein echter Delegations-Muffel und haben große Probleme damit, anderen Aufgaben und Verantwortung zu übertragen. Setzen Sie Ihr Delegations-Problem ganz oben auf Ihre Prioritätenliste. Überlegen Sie, welche Aufgaben Sie zukünftig besser anderen übertragen sollten.

Delegieren mit System

Grundsätzlich gilt: Delegieren kann man eigentlich (fast) alles. Um herauszufinden, welche Arbeiten Sie abgeben können, sollten Sie sich zunächst einen Überblick verschaffen. Am besten, Sie erstellen einen *Plan,* in dem Sie alle Ihre Aufgaben notieren. Versuchen Sie dann, die einzelnen Tätigkeiten in verschiedene Kategorien zu unterteilen:

Routineaufgaben

Sicher haben auch Sie eine ganze Menge Routineaufgaben auf Ihrer Liste. Routineaufgaben sind meist nicht allzu anspruchsvoll und laufen immer nach dem gleichen Schema ab. Diese Arbeiten kann man in der Regel *problemlos abgeben.*

Aber: Übertragen Sie diese eher simplen Tätigkeiten nicht immer ein- und derselben Person – das kann für den anderen auf Dauer sehr frustrierend sein.

Einmalaufgaben

Einen Brief beantworten, einen Termin vereinbaren, Blumen besorgen – immer wieder gibt es relativ einfache Aufgaben, die nur ein einziges Mal zu erledigen sind. Eigentlich könnte diese Einmalaufgaben gut ein anderer für uns übernehmen. Oft ist die Delegation solcher Aufgaben jedoch sehr aufwändig, sodass man sie *schneller selbst erledigt* hat. Hier gilt es abzuwägen, ob es nicht effektiver ist, das Ganze selbst zu tun.

Spezialistenaufgaben

Spezialistenaufgaben müssen von einem Spezialisten erledigt werden. Und: Wenn Sie nicht über die entsprechenden Spezialkenntnisse verfügen, müssen Sie diese Arbeiten *unbedingt abgeben.* Sonst sind Pannen vorprogrammiert.

Komplexe und wichtige Aufgaben

Komplexe und wichtige Aufgaben muss man meist *selbst erledigen.* Doch: Auch hier gibt es oft *Teilaufgaben,* die man *abgeben* kann. Wenn Sie solche Aufgaben abgeben, müssen Sie darauf achten, ganz konkrete Erledigungsziele festzusetzen, und regelmäßig überprüfen, ob auch alles nach Plan läuft.

Aufgaben, die Sie selbst erledigen müssen

Manche Aufgaben muss man einfach selbst erledigen. Oft hat man niemanden, der etwas für einen übernehmen kann, manchmal ist man der Einzige, der über die nötigen Kenntnisse und Fähigkeiten verfügt. Aber Achtung: Meist fallen unter diese Kategorie längst nicht so viele Aufgaben, wie man auf den ersten Blick denkt. Hier gilt es also, genau hinzusehen und eine ganz *bewusste Auswahl* zu treffen.

Aufgaben, die Sie selbst erledigen wollen

Ja, und dann sind da noch die Aufgaben, die man einfach gerne selbst erledigen will. Arbeiten, die einem richtig Spaß machen. Es kann manchmal ganz schön schwer sein, eine Aufgabe abzugeben, die man besonders gut und gerne erledigt. Dennoch sollte man auch hier mit Bedacht auswählen und ganz *klare Prioritäten setzen.* Ansonsten läuft man Gefahr, sich mit Arbeit zu überfrachten.

Delegieren kann man lernen

Entscheiden Sie bei jeder Aufgabe, die Sie erledigen sollen: Muss ich das wirklich selbst machen oder könnte das ein anderer für mich übernehmen? Achten Sie in den nächsten beiden Wochen einmal genau darauf, welche Arbeiten Sie abgeben könnten. Wenn Sie noch nicht besonders delegationsfreudig sind, dann beginnen Sie einfach damit, anderen relativ unwichtige Aufgaben zu übertragen. Steigern Sie sich Schritt für Schritt, bis Sie schließlich auch bereit sind, anderen wichtigere Aufgaben anzuvertrauen.

Mein Tipp: Erstellen Sie eine *Delegationsliste*. Halten Sie fest, welche Tätigkeiten Sie abgeben wollen, und überlegen Sie auch, wer dafür geeignet sein könnte. Führen Sie eine Art Kompetenz-Verzeichnis, in dem Sie notieren, wer was besonders gut kann. Wenn Sie eine Aufgabe abgeben wollen, wissen Sie ganz schnell, wer dafür in Frage kommt.

Aber Vorsicht: Strategisch wichtige Aufgaben wie *Zielsetzung* oder *Prioritätenplanung* haben auf Ihrer Delegationsliste nichts verloren. Und natürlich müssen Sie auch *vertrauliche Angelegenheiten* unbedingt selbst erledigen.

Das kleine 1 x 1 des Delegierens

- Übertragen Sie anderen Aufgaben nur, wenn sie diese Aufgaben erledigen *wollen* und auch *können*. Überlegen Sie genau, wer eine Aufgabe am besten für Sie übernehmen kann.
- Erläutern Sie beim Abgeben einer Aufgabe ganz klar, was Sie erwarten. Wichtig ist eine eindeutige Aufgabenstellung mit *konkreten Rahmenbedingungen* und *Zielvorgaben*. Aber: Lassen Sie dem anderen auch Raum für eigene Entscheidungen.

> Delegieren Sie so oft und so viel wie nur möglich – beruflich und auch privat. Denn: Wer gekonnt delegiert, kann sich so wertvolle Zeit-Freiräume schaffen.

- Klären Sie im Vorfeld, ob und welche *Probleme* eine Aufgabe mit sich bringen könnte. Geben Sie im

Notfall die erforderliche Unterstützung, aber übernehmen Sie keinesfalls die Problemlösung. Sonst delegieren Sie die Aufgabe ja wieder an sich zurück.

- Vermitteln Sie nicht das Gefühl, dass Sie nur unliebsame Tätigkeiten abwälzen. Sagen Sie immer, warum es *sinnvoll* ist, dass jemand eine Aufgabe übernimmt – das motiviert.
- Geben Sie nicht nur dringliche Aufgaben ab, sondern auch Arbeiten, die *mittel- oder langfristig* zu erledigen sind.
- Legen Sie für komplexe Delegations-Aufgaben einen *Zeitplan* fest. Greifen Sie ein, wenn der Zeitplan gefährdet ist.
- Aber: Kontrollieren Sie nicht jedes Detail. Delegieren Sie nicht nur Aufgaben, sondern auch Verantwortung, Wissen und Kompetenz. Und: Sparen Sie nicht mit Lob, wenn ein anderer eine Aufgabe zu Ihrer Zufriedenheit erledigt hat.

Mini-Checkliste: Delegation

Was – Wer – Warum – Wie – Wann? Wenn Sie diese fünf Fragen beherzigen, ist delegieren eigentlich ganz leicht:

1. Was? Überlegen Sie, welche Aufgaben Sie abgeben wollen.

2. Wer? Denken Sie nach, wer eine Aufgabe am besten für Sie übernehmen könnte.

3. Warum? Begründen Sie, warum jemand etwas für Sie erledigen soll.

4. Wie? Legen Sie fest, wie die Aufgabe ausgeführt werden soll.

5. Wann? Setzen Sie einen Termin, bis wann alles fertig sein soll.

Kapitel 5
System statt Verzetteln:
Zeit ist eine Frage der Organisation

Zeitsouveränität ist ein Stück Lebensqualität, das einem nicht so leicht in den Schoß fällt. Manchmal muss man sich diese Lebensqualität ganz schön hart erkämpfen. Manchmal ist mehr Zeit aber auch einfach nur eine *Frage der Organisation*. Und Organisation muss nicht immer starren Mustern folgen – vieles ist möglich.

Die Menschen sind ganz schön verschieden, wenn es um Selbstorganisation und Lebensqualität geht. So ist Zeitmanagement immer auch *Typsache* und muss unserem ganz persönlichen Umgang mit der Zeit, unserem individuellen Lebensstil Rechnung tragen. Deshalb sind nicht nur Zeitpläne und Prioritätenlisten gefragt, sondern auch spielerische Leichtigkeit und ein wenig Kreativität.

Im Grunde genommen ist Zeitmanagement wie ein Spiel, das mit wenigen Regeln auskommt. Die wichtigste Grundregel lautet: Nehmen Sie sich Zeit für sich, Zeit für die Menschen und Dinge, die Ihnen wichtig sind.

1. Typsache: Zeitmanagement ganz persönlich

Organisation, Prioritäten und Termine – all das ist nichts für Sie? Ständig werfen Sie Ihre Terminpläne um? Jedes noch so ausgeklügelte Zeitmanagement-System stößt bei Ihnen sehr schnell an seine Grenzen?

Kein Problem! Sie brauchen eine Zeitplan-Methode, die Ihrer *Persönlichkeit* entspricht. Denn: Wie wir mit unserer Zeit umgehen, wie wir Projekte und Aufgaben angehen, hat viel damit zu tun, ob wir mehr von der linken oder der rechten *Gehirnhälfte* gesteuert werden.

Rechts oder Links

Wissen Sie, was ein Genie auszeichnet? Ganz einfach: Genies arbeiten in hohem Maße ganzhirnig, das heißt, sie können beide Hirnhälften gleichermaßen zu nutzen.

Die linke Hirnhälfte ist der Sitz unseres Sprachzentrums. Ihr Spezialgebiet sind rationales Denken und Logik. Sie liebt es, systematisch an Aufgaben heranzugehen und diese bis ins kleinste Detail zu analysieren. Anders die rechte Hirnhälfte: Sie denkt vorwiegend in Bildern, Farben und Formen. Aufgaben werden spontan und intuitiv bewältigt.

Leider sind wir jedoch nicht alle Genies und so nutzen wir meist nur eine Seite unseres Gehirns. Und: Je häufiger wir dies tun, desto dominanter wird die bevorzugte Hemisphäre, sodass wir schließlich zu »ein-« oder »halbhirnigen« Individuen werden. Und: Welche Hirnhälfte bevorzugen Sie?

Selbst-Check: A oder B? Links oder rechts?

Unser kleiner Test hilft Ihnen herauszufinden, welche Hirnhälfte bei Ihnen die Nummer 1 ist. Entscheiden Sie spontan, was auf Sie zutrifft.

Wie starten Sie in den Tag?
Ich habe eine Prioritäten-Liste, die ich abarbeite. **A**
Ich lege einfach so drauf los. **B**

Wie räumen Sie auf, wenn Sie aufräumen?
Ich achte darauf, dass die Dinge an ihren vorgesehenen Platz kommen. **A**
Ich lege die Sachen dort ab, wo gerade Platz ist. **B**

Wie bewältigen Sie Ihre Aufgaben?
Ich arbeite systematisch eine Aufgabe nach der anderen ab. **A**
Ich arbeite meist an mehreren Aufgaben gleichzeitig und setze dabei häufig neue Prioritäten. **B**

Wie realisieren Sie Ihre Projekte?
Ich plane Projekte bis ins Detail und setze diese dann konsequent um. **A**
Ich liebe es, neue Projekte und Ideen zu entwickeln, deren Umsetzung überlasse ich jedoch lieber anderen. **B**

Wie steht es um Ihre Termintreue?
Ich bin immer darauf bedacht, meine Projekte termingerecht abzuschließen. **A**
Ich arbeite am liebsten unter Druck und habe Schwierigkeiten, Termine einzuhalten. **B**

Wie planen Sie Ihre Termine?
Ich führe ein Zeitplanbuch, in das ich alle Termine eintrage. **A**
Ich plane Termine spontan und notiere sie mal hier, mal dort. **B**

Wie verfahren Sie mit unangenehmen Aufgaben?

Unangenehmes erledige ich sofort, um es möglichst schnell
hinter mich zu bringen.   A

Ich schiebe unangenehme Aufgaben so lange vor mir her,
bis es brennt.   B

Wie treffen Sie Ihre Entscheidungen?

Ich sammele alle verfügbaren Informationen und treffe eine
rationale Entscheidung, an die ich mich halte.   A

Meist treffe ich meine Entscheidungen aus dem Bauch heraus.   B

Wie geben Sie eine Wegbeschreibung?

Ich fertige eine Skizze an oder zeichne den Weg auf einer Karte ein. A

Ich erkläre grob die Richtung, nenne Abzweigungen und markante
Punkte.   B

Wie gestalten Sie Ihre Freizeit?

Ich plane meine Freizeit-Aktivitäten lange im Voraus.   A

Ich liebe Überraschungen und entscheide spontan, was ich in
meiner Freizeit unternehme.   B

Der A-Typ: Sie werden von Ihrer linken Hirnhälfte dominiert. Sie arbeiten und leben gerne in einer aufgeräumten Umgebung. Klare Prioritäten prägen Ihren Tagesablauf. Geregelte Abläufe, Pünktlichkeit und Termintreue sind Ihnen äußerst wichtig. Das klassische Zeitmanagement ist geradezu auf Sie zugeschnitten.

Der B-Typ: Als rechtshirniger B-Typ können Sie mit dem klassischen Zeitmanagement nichts anfangen. Auf Außenstehende wirken Sie höchst unorganisiert. Doch im Grunde genommen beherrschen Sie das Chaos. Sie arbeiten gerne an mehreren Dingen gleichzeitig und halten deshalb auch nichts von To-do-Listen oder Terminkalendern.

Egal, welche Hirnhälfte bei Ihnen den Ton angibt: Beide sind wertvoll und wichtig. Und: Wir können unsere Produktivität erheblich steigern, wenn wir konsequent versuchen, *beide* Bereiche unseres Gehirns zu nutzen.

Wege zum persönlichen Zeitmanagement

Natürlich kann man niemanden in ein Links-Rechts-Raster einpassen – *jeder Mensch ist einzigartig.* Dennoch lassen sich bei links- und rechtshirnigen Denkern zumindest *tendenziell* gewisse Eigenschaften und Fähigkeiten festmachen. Und: Das ist entscheidend für unseren Umgang mit der Zeit, für unser ganz persönliches Zeitmanagement.

Sind Sie ein A-Typ? Strukturieren und organisieren liegt Ihnen im Blut? Dann ist das das klassische Zeitmanagement genau das Richtige für Sie.

Sind Sie ein B-Typ? Dann klingen die Regeln des klassischen Zeitmanagements natürlich auch für Sie äußerst vielversprechend. Dennoch: Die traditionellen Regeln passen einfach nicht zu Ihren Denk- und Verhaltensmustern. Das klassische Zeitmanagement stößt bei rechtshirnigen Denkern ganz einfach an seine Grenzen. Bedeutet das nun, dass B-Typen völlig ungeeignet für ein effektives Zeitmanagement sind? Natürlich nicht! Sie brauchen nur andere, *flexible Zeitmanagementregeln.* Wichtig ist es, dass wir das eigene Zeitverhalten erkennen und bei unserer Planung berücksichtigen.

> »Menschen mit einer neuen Idee gelten so lange als Spinner, bis sich die Sache durchgesetzt hat.«
> *Mark Twain*

Klassisches oder flexibles Zeitmanagement?

Klassisches Zeitmanagement eignet sich besonders für Menschen, die	Flexibles Zeitmanagement eignet sich besonders für Menschen, die
• gerne nach der Uhr leben,	• ihren Tagesablauf intuitiv planen,
• Zeitvorgaben ernst nehmen,	• sich mehr auf ihr Gefühl und weniger auf die Uhr verlassen,
• ihren Zeitbedarf gut einschätzen können,	• schlecht schätzen können, wie lange etwas dauern wird,
• den berühmt-berüchtigten Zeitdieben keine Chance geben,	• Zeitdiebe als willkommene Abwechslung betrachten,
• ihre Termine sorgfältig in ein Zeitplanbuch oder einen Organizer eintragen,	• ein Zeitplanbuch oder einen Organizer als Gängelei empfinden,
• gerne alles im Voraus planen,	• langfristige Planungen als unflexible Zwangsjacke betrachten,
• es nicht schätzen, wenn sie ihre Pläne kurzfristig ändern müssen,	• viel für Spontaneität übrig haben,
• keine Mühe haben, klare Prioritäten zu setzen,	• keine Prioritäten setzen, da ihnen zu viele Dinge wichtig sind,
• Dinge systematisch angehen,	• Dinge intuitiv angehen und ständig neue Ideen entwickeln,
• schnell alles auf den Punkt bringen,	• in verschiedene Richtungen denken,
• konsequent auf ein Ziel hinarbeiten,	• mehrere Ziele gleichzeitig ins Auge fassen,
• konzentriert eine Aufgabe nach der anderen abarbeiten.	• sich gerne mit mehreren Projekten gleichzeitig beschäftigen.

Brainstorming statt To-do-Listen

Eine *To-do-Liste* erstellen – für linkshirnige Denker kein Problem, denn es fällt ihnen leicht, sich auf die wirklich wichtigen Dinge zu konzentrieren. Sie strukturieren und reduzieren und haben in kürzester Zeit eine wohldurchdachte Aktivitäten-Liste. Wenn rechtshirnige Personen versuchen, eine To-do-Liste zu erstellen, tun sie das ganz spontan. Noch bevor sie zum Stift greifen, schweifen sie in alle möglichen Richtungen ab – sie notieren ein paar Stichpunkte und geben sich einem wahren Brainstorming-Prozess hin. Am Ende haben sie zwar keine To-do-Liste, aber eine Menge neue Ideen gewonnen.

Mein Tipp: Geben Sie sich ruhig Ihrem Brainstorming hin, zwingen Sie sich aber im Anschluss, Ihre Gedanken und Notizen strukturiert zu Papier zu bringen. Und: Halten Sie Ihre Ideen in einem Ideen-Buch fest – so geht nichts verloren.

Prioritäten setzen – aber anders

Prioritäten setzen: Für rechtshirnige Menschen ist das die reinste Qual. Ihre Prioritätenliste ist unendlich lang. Denn: Hier stehen keine »Muss«-Aufgaben, sondern »Kann«-Optionen im Mittelpunkt. Sie schaffen es einfach nicht, alle Prioritäten zu Papier zu bringen, und geben auf. Zeitmanagement ist eben nicht ihre Sache? Falsch: Auch rechtshirnige Personen können Prioritäten setzen, allerdings müssen sie dabei ganz neue Wege gehen.

Mein Tipp: Schreiben Sie Ihre wichtigsten Aufgaben auf farbige Post-it-Notes und kleben Sie diese ganz oben auf eine

Pinnwand. Achten Sie darauf, dass Sie die Pinnwand immer im Blick haben. Wenn sich Prioritäten ändern, können Sie Ihre Merkzettel einfach entsprechend verschieben. Dieses flexible System ermöglicht es, sich Optionen offen zu halten.

Ein Kalender – aber für alle Termine

Ein Kalender oder *Organizer* muss sein! Zeitmanagement ohne Kalender, das geht einfach nicht. Eigentlich bietet ein Kalender ja auch viel mehr als nur die Möglichkeit, Termine zu notieren. Er ist Planungsinstrument, Notizbuch, Adress- und Telefonregister, Ideensammlung und Kontrollinstrument. Da können Zettelsammlungen wirklich nicht mithalten.

Die Angebotsvielfalt in Sachen Zeitplanbücher ist ein wahres Eldorado für jeden rechtshirnigen Zeitmanager. Daher besitzen sie meist auch mehrere interessante Exemplare. Und: Leider benutzen sie diese auch – und zwar parallel. Je nach Stimmung oder Taschengröße kommt der Mini-Kalender zum Einsatz, das große Terminplanbuch oder der praktische Ringhefter. Im Büro haben dann eher der Wand- oder der Tischkalender den Vortritt. Weil es aber mit dem Nach- und Aufarbeiten meist hapert, stehen die Chancen eher schlecht, dass wirklich alle Termine auch Beachtung finden, zudem sind Doppelbelegungen geradezu vorprogrammiert.

Die beiden Hemisphären des Gehirns

L R

logisch	kreativ
analytisch	emotional
kontrolliert	intuitiv
ordnend	sprunghaft
verbal	bildhaft
intellektuell	musikalisch
mathematisch	träumerisch

Mein Tipp für *rechtshirnige Zeitmanager*: Kaufen Sie einen Kalender, aber nur einen, der Sie ganz besonders anspricht. Und machen Sie dieses besondere Exemplar zu Ihrem ständigen Begleiter.

Visuell oder virtuell?

Die meisten rechtshirnigen Zeitmanager sind visuelle Menschen, die gerne Skizzen machen und mit Textmarkern arbeiten, deshalb sind Zeitplanbücher genau das Richtige für sie. Aber es soll auch Rechtshirner geben, die viel und gerne mit dem Computer arbeiten und ihre Termine zudem oft mit Kollegen abstimmen müssen. In diesem Fall lohnt es sich, über ein elektronisches System nachzudenken. Bevor Sie sich festlegen, sollten Sie in aller Ruhe ausprobieren, was Ihrem Naturell entgegenkommt.

Erste Hilfe für Zeit-Chaoten

Viel zu viel zu tun – Terminstress und kein Überblick. Keine Panik! Was jetzt gefragt ist, ist ein Notfallplan. Notieren Sie alle dringenden Aufgaben, die Ihnen unter den Nägeln brennen – untereinander, ganz langsam und in Ihrer schönsten Schrift. So zwingen Sie sich, zur Ruhe zu kommen. Dann überprüfen Sie, was besonders wichtig ist, und gehen diese Aufgaben umgehend an. Der Rest muss eben noch warten!

Gegensätze ziehen sich an

Egal, wie verschieden links- und rechtshirnige Menschen sein mögen, auch hier gilt: Gegensätze ziehen sich an. Suchen Sie sich jemanden mit *konträrer Hirndominanz*, mit einem völlig

Noch mehr Tipps für »flexible« Zeit-Manager

✔ Lernen Sie, realistisch einzuschätzen, wie lange etwas dauern wird. Halten Sie in den nächsten Wochen fest, wie lange Sie für Routinearbeiten brauchen. Nutzen Sie die ermittelten Zeiten in Zukunft als Maßstab für Ihre Terminplanung.

✔ Setzen Sie sich zum Ziel, niemals mehr als drei Projekte gleichzeitig zu managen. Und: Auch wenn es Ihnen schwer fällt, versuchen Sie Ordnung zu halten, das erspart nicht nur unnötiges Suchen, sondern auch Hektik und Stress.

✔ Halten Sie immer eine Liste mit den Terminen, die Sie auf keinen Fall versäumen dürfen, griffbereit. Am besten, Sie heften Ihre Terminübersicht in Ihren Kalender und werfen jeden Abend einen Blick darauf. Nicht vergessen: Liste täglich ergänzen und aktualisieren.

anderen Zeitverständnis. Tauschen Sie sich darüber aus, wie jeder von Ihnen Zeit wahrnimmt und wie jeder mit seiner Zeit umgeht. Ganz wichtig: Urteilen Sie nicht über den anderen – seien Sie einfach *neugierig* auf die Unterschiede. Versuchen Sie, von denjenigen zu lernen, die anders denken und arbeiten als Sie. Suchen Sie nach Wegen, als Team zusammenzuarbeiten und voneinander zu profitieren. Übrigens: Auch im Privatleben geht es nicht ohne eine gewisse »Hirn-Toleranz«.

2. Get Rhythm:
Planung nach dem Biorhythmus

Auf Flughäfen und Bahnhöfen herrscht Hochbetrieb – Tag und Nacht. Fabriken, Industrieanlagen und Kraftwerke laufen rund um die Uhr. Unsere Nonstop-Gesellschaft zwingt uns, die Nacht zum Tag zu machen und uns dem hektischen Maschinen-Takt der High-Tech-Welt zu unterwerfen. Doch: Der Takt der Maschinen liegt auf Kollisionskurs mit dem Takt unserer inneren Uhren. Wie Uhren haben auch wir Zeiger, die zu bestimmten Zeiten auf Leistung und höchste Konzentration, dann aber wieder auf Müdigkeit und Entspannung stehen.

Unsere *innere Uhr* bestimmt, ob wir wach sind oder schlafen, ob wir träge oder aktiv sind, ob der Geist kreativ oder der Körper in Hochform ist. Wie eigenwillig unsere innere Uhr manchmal tickt, zeigt sich, wenn wir nach Langstreckenflügen unter Jetlag leiden oder wenn wir uns – mehr oder auch weniger freiwillig – die eine oder andere Nacht um die Ohren geschlagen haben.

Natürlich ticken nicht alle Menschen gleich. Jeder hat seinen eigenen Biorhythmus. Wer sich dem Takt unserer Rund-um-die-Uhr-Gesellschaft beugt und dabei seinen eigenen Takt ignoriert, kommt ganz schnell aus dem Rhythmus. Nur wer im Ein-

> Höchstleistungen können wir nur bringen, wenn Tagesablauf und inneres Timing im Einklang sind. Achten Sie auf den Takt Ihrer inneren Uhr. Arbeiten Sie mit der Zeit, dann arbeitet die Zeit für Sie!

klang mit seiner inneren Uhr lebt, ist auf Dauer leistungsfähig und lebensfroh.

Lerche oder Eule?

Wer morgens mit den ersten Sonnenstrahlen aufsteht und leicht aus dem Bett kommt, gilt in unserer Gesellschaft als fleißig und strebsam. Langschläfer dagegen haben das Image von Faulenzern. Zu Unrecht, denn das ist nicht Faulheit, sondern eine Frage der inneren Uhr. Wie tickt Ihre innere Uhr? Sind Sie Sie ein Morgentyp – eine Lerche? Oder ein Abendtyp – eine Eule? *Lerchen* springen frühmorgens gut gelaunt aus dem Bett und starten mit voller Power in den Tag. Ganz anders dahingegen die *Eulen*: Sie stehen mit dem Wecker auf Kriegsfuß, kommen nur schwer aus den Federn und brauchen immer eine gewisse Anlaufzeit, egal wie viel Kaffee sie in sich hineinschütten. Dafür sind sie aber auch spätabends – ganz im Gegensatz zu den Lerchen – noch in absoluter Hochform.

> »Das waren noch glückliche Zeiten, als man nach dem Kalender lebte! Jetzt lebt man nach der Uhr.«
>
> *Sacha Guitry*

Nachtschwärmer und Frühaufsteher

Wenn Lerche und Eule zusammenleben, kann es problematisch werden. Am besten: Sie zeichnen Ihre persönlichen Leistungskurven auf und finden so Ihre gemeinsamen »Hoch-Zeiten«. Reservieren Sie diese Zeiten für wichtige Gespräche und gemeinsame Unternehmungen. Und: Respektieren Sie die »Tiefs« Ihres Partners.

Selbst-Check: Lerche oder Eule?

Was trifft am ehesten auf Sie zu?

L = Lerche   E = Eule

Wann würden Sie am liebsten aufstehen?

5:00–8.00 Uhr   L   nach 8:00 Uhr   E

Sind Sie sofort munter, wenn der Wecker klingelt?

Ja   L   Nein   E

Schätzen Sie ein ausgiebiges Frühstück?

Ja   L   Nein   E

Wann gehen Ihnen schwierige Aufgaben besonders gut von der Hand?

Am frühen Morgen   L   Am späten Nachmittag   E

Wann werden Sie abends in der Regel müde?

Vor 23:00 Uhr   L   Nach 23:00 Uhr   E

L oder E: Sind eher eine Lerche oder eine Eule? Achten Sie in den nächsten Wochen einmal ganz bewusst darauf, wann Sie sich besonders fit fühlen. Wenn Sie wissen, wie Ihre innere Uhr tickt, können Sie Ihre Tagesplanung gezielt darauf abstellen.

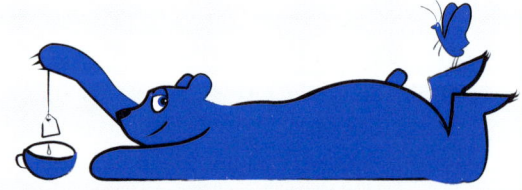

Mehr Energie für das Wesentliche

Nutzen Sie Ihre individuellen Hochphasen. Gestalten Sie Ihren Tag im Einklang mit Ihrer *persönlichen Energiekurve.* Dabei gilt: Lerchen sollten Herausforderungen generell in den Morgenstunden angehen, Eulen komplizierte Aufgaben besser auf den späten Nachmittag verschieben. Denn unser Leistungshoch haben wir in der Regel zwischen 9:00 und 11:00 Uhr und dann wieder zwischen 15:00 und 17:00 Uhr. Natürlich fühlen wir uns nicht jeden Tag gleich fit. Tageszeitliche *Formschwankungen* sind immer abhängig von unserer persönlichen Lebensweise. Und: Auch natürliche jahreszeitliche Schwankungen beeinflussen unsere innere Uhr. So profitiert die Lerchen-Minderheit der Bevölkerung von der Sommerzeit mehr als die Eulen-Mehrheit. Eulen haben große Schwierigkeiten mit der Zeitumstellung im Frühjahr und freuen sich umso mehr, wenn sie im Herbst endlich wieder eine Stunde später raus müssen.

Vom richtigen Zeitpunkt

Alles, was Sie zum richtigen Zeitpunkt tun, geht Ihnen leichter von der Hand und hat mehr Aussicht auf Erfolg. Aber wann ist dieser Zeitpunkt? Aufschluss darüber gibt Ihnen Ihre persönliche Energiekurve. Zeichnen Sie doch einmal Ihre *Leistungskurve* – ein Muster finden Sie auf der nächsten Seite.

Bitte markieren Sie Zeiten, in denen Sie durchschnittlich fit sind, direkt auf der 100er-Linie, hohe Aktivitätsphasen platzieren Sie oberhalb der 100er-Linie und Ihre Low-Power-Phasen halten Sie unterhalb der 100 fest.

Meine innere Uhr

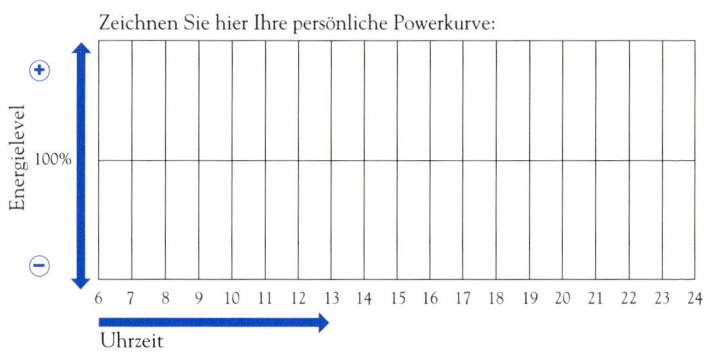

Zeichnen Sie hier Ihre persönliche Powerkurve:

Leben nach der inneren Uhr

7:00 bis 8:00 Uhr	In die Gänge kommen
8:00 bis 10:00 Uhr	Small Talk, Post, Telefonate
10:00 bis 11:30 Uhr	Jetzt sprudelt die Kreativität
11:30 bis 11:40 Uhr	Kurze Pause
11:40 bis 13:00 Uhr	Zeit für Kompliziertes
13:00 bis 14:00 Uhr	Guten Appetit!
14:00 bis 15:00 Uhr	Erledigen Sie jetzt Routineaufgaben
15:00 bis 17:00 Uhr	Das zweite Tageshoch
17:00 bis 19:00 Uhr	Die beste Zeit für Bewegung
19:00 bis 23:00 Uhr	Mußestunden der Sinne
23:00 bis 3:00 Uhr	Tiefschlafphase
3:00 bis 7:00 Uhr	Ab ins Land der Träume

Power-Napping

Lange Zeit wurde er belächelt, der *Mittagsschlaf*: Das sei doch nur etwas für kleine Kinder oder alte Leute. Inzwischen weiß man jedoch, dass ein kurzes mittägliches Schläfchen ungeheure Energie bringt. So verbessert sich die Leistungsfähigkeit um etwa 35 Prozent, die Fehlerquote sinkt und auch das Unfallrisiko wird deutlich geringer. Und: Mittagsschläfer erleiden außerdem wesentlich seltener einen Herzinfarkt als diejenigen, die sich tagsüber nicht ausruhen. Kein Wunder also, dass der sogenannte *Power-Nap* in amerikanischen und japanischen Unternehmen geradezu ein Muss ist.

Mein Tipp: Probieren Sie doch einfach einmal aus, ob auch Ihnen ein kurzes *mittägliches Nickerchen* zu mehr Power verhilft. Das geht auch im Büro: Machen Sie es sich in Ihrem Bürostuhl bequem. Vergessen Sie nicht, ein »Bitte-nicht-stören«-Schild an der Tür anzubringen, und stellen Sie sich einfach einen Wecker, damit Sie nach maximal 30 Minuten wieder einsatzbereit sind. Denn zu viel Schlafzeit lockt Tiefschlaf-Hormone, und die machen einen so richtig müde.

3. Ruhe jetzt: Bitte nicht stören!

Pausen sind wichtig – ungewollte Unterbrechungen dagegen wahre Zeitfresser. Es gibt Tage, an denen will jeder etwas von Ihnen: Kollegen fragen nach irgendwelchen Infos und ständig klingelt das Telefon. Nach jeder *Unterbrechung* – so kurz sie auch sein mag – müssen Sie sich wieder mühsam neu in eine Aufgabe eindenken. Die Folge: Ihre Konzentrationskurve gleicht dem Sägeblatt einer Fuchsschwanz-Säge. Und dieser *Sägeblatt-Effekt* kostet Zeit und Energie.

Mein Tipp: Schreiben Sie alle Unterbrechungen auf. Erstellen Sie eine Liste, um herauszufinden, warum und wie oft Sie unterbrochen werden. Gehen Sie Ihre Liste systematisch durch und überlegen Sie, was Sie tun können, um in Zukunft bei wichtigen oder komplizierten Arbeiten nicht gestört zu werden.

Cleveres Unterbrechungs-Management

Der Kollege, der Sie stolz über das Fahrverhalten seines brandneuen Autos informieren möchte. Die Kollegin, die schnell einige Unterlagen für einen Kunden benötigt. Oder die Sekretärin, die für einen Geburtstag sammelt… Sicher: Soziale Beziehungen sind sehr wichtig, aber: »Alles zu seiner Zeit!« Was also tun?

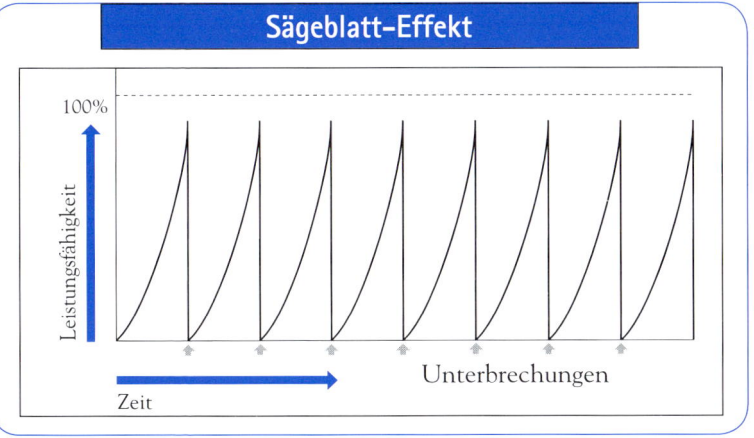

- Setzen Sie ein Signal. Schließen Sie die Tür, wenn Sie nicht gestört werden wollen. Eine offene Tür fordert Unterbrechungen geradezu heraus.
- Erklären Sie, dass Sie an einem wichtigen Projekt sitzen. Schlagen Sie einen anderen Termin für den Besuch vor.
- Führen Sie das Gespräch kurz und knapp, um die bereits erfolgte Störung möglichst gering zu halten.
- Delegieren Sie das Gespräch an jemand anderen.

Mein Tipp: Wenn Sie für ein Gespräch Ihre Arbeit länger unterbrechen müssen, hat es sich bewährt, den Schreibtisch zu verlassen. Vielleicht haben Sie eine *Besucherecke* in Ihrem Zimmer oder können kurz in einen Besprechungsraum gehen? So bleibt der Vorgang, an dem Sie gerade arbeiten, unangetastet, und Sie können nach dem Ende des Gesprächs wieder da weitermachen, wo Sie unterbrochen wurden.

Stören erwünscht!

Manchmal kommt uns eine Unterbrechung auch ganz recht, insbesondere, wenn sie uns von unliebsamen Aufgaben ablenkt. Fragen Sie sich daher, ob Sie sich unterbrechen lassen, weil die Aufgabe, an der Sie momentan sitzen, Probleme bereitet, oder weil Sie gerade eine kurze Pause brauchen.

Die »Stille Stunde«

Ständig klingelt das Telefon, der Posteingang kündigt im Minutentakt neue Mails an und zwischendurch platzen immer wieder Kollegen ins Büro: Im Durchschnitt können wir uns gerade mal elf Minuten einer Aufgabe widmen – dann werden wir unterbrochen. Das kostet Zeit und Nerven. Also: Sorgen Sie dafür, dass Sie möglichst *störungsfrei arbeiten* können. Das geht nur, wenn man sich ganz konsequent zurückzieht. Niemand muss immer für alles und jeden Zeit haben. Reservieren Sie sich eine »Stille Stunde«, in der Sie sich in aller Ruhe wichtigen Aufgaben widmen können. *Schotten Sie sich ab.* Schalten Sie Ihr Handy aus und den Anrufbeantworter ein. Tragen Sie Ihre Stille Stunde fest in Ihren Terminkalender ein und nehmen Sie diesen Termin genauso ernst wie eine wichtige geschäftliche Verabredung! Ganz wichtig: Respektieren auch Sie die Stille Stunde der anderen.

Mein Tipp: Wenn jemand Sie während Ihrer Stillen Stunde unterbrechen will, sagen Sie freundlich, aber bestimmt, dass Sie im Augenblick absolut keine Zeit haben. Nennen Sie aber auch einen Zeitpunkt, wann Sie wieder verfügbar sind.

Kleine Fluchten

An manchen Tagen ist an eine Stille Stunde nicht zu denken. Da hilft eigentlich nur noch eines: *Ergreifen Sie die Flucht!* Melden Sie sich ab, und suchen Sie sich einen ungestörten Ort, etwa ein verwaistes Besprechungszimmer oder ein leer stehendes Büro. Ideale Fluchtburgen sind auch Lesesäle von öffentlichen Büchereien, Foyers von Nobelhotels oder ein schönes Café. Entwickeln Sie auf der Suche nach Ihrer Fluchtburg ein wenig Fantasie – es lohnt sich! Denn: In diesen *störungsfreien Zeiten* können Sie deutlich mehr schaffen als sonst.

4. Platz da: Aufräumen und Zeit gewinnen

Papierberge auf dem Schreibtisch, Bücher mit verknüddelten Einmerkern auf dem Fußboden, Daten-Müll auf dem Rechner und Visitenkarten-Leichen im Rolodex: Bei vielen von uns herrscht das blanke *Chaos.* »Wer sein Leben in Ordnung bringen will, muss erst einmal sein Haus aufräumen.« Diese chinesische Weisheit gilt heute mehr denn je.

Unordnung blockiert, kostet eine Menge Energie und Nerven und vor allem viel Zeit. Und: Unordnung im Haus oder am Arbeitsplatz bedeutet immer auch *Unordnung im Kopf.* Bevor Sie also völlig im Durcheinander untergehen, sollten Sie sich von allem überflüssigen Ballast trennen.

> »Gebraucht die Zeit, sie geht so schnell von hinnen, doch Ordnung lehrt euch Zeit gewinnen.«
> *Johann W. von Goethe*

Nehmen Sie sich konsequent Zeit zum Aufräumen. Machen Sie nicht den Fehler, dem Irrglauben zu verfallen, dass Sie ja überhaupt keine Zeit zum Aufräumen hätten. Denn: Seltsamerweise haben die Menschen, die keine Zeit zum Aufräumen haben, letztlich dann doch *viel Zeit zum Suchen.*

Mit den folgenden kleinen Tricks, fällt es Ihnen bestimmt nicht so schwer, mit dem Kampf gegen das Chaos zu beginnen und vor allem dauerhaft ordentlich zu bleiben:

Konsequent aufräumen!

Egal, ob Sie Ihre Wohnung oder Ihren Arbeitsplatz wieder in Ordnung bringen wollen, erklären Sie einen Tag zum *Aufräum-Tag* (Übrigens, dieser Tag darf ausnahmsweise auf das Wochenende fallen!). Starten Sie Ihre Aktion so früh wie möglich: kein langes Frühstück, keine ausgedehnte Zeitungslektüre, keine Telefonate oder Mails. Machen Sie sich unverzüglich ans Werk.

Schöne Vorstellung!

Stellen Sie sich vor, wie schön und angenehm es sein wird, wenn Sie erst klar Schiff gemacht haben. Wie herrlich es doch ist, ein *aufgeräumtes Büro* oder eine *einladende Wohnung* zu haben, wo alles an seinem Platz ist und man alles ganz schnell findet. Das motiviert!

Ein Lob der Ordnung!

Jede Tätigkeit braucht Zeit, egal, wann man sie erledigt. Aber: Wenn man die unangenehmen Dinge aus dem Weg geräumt hat, kann man die Zeit danach so richtig genießen. Gönnen Sie sich nach einer erfolgreichen Aufräumaktion eine kleine Belohnung – eine schöne CD, einen Blumenstrauß, eine gute Flasche Wein. Was auch immer: Sie haben es sich verdient!

Keine Ablenkungsmanöver!

Es gibt immer etwas, das scheinbar viel wichtiger ist als das leidige Thema Ordnung schaffen. Immer wieder findet man etwas, um sich vor dem Aufräumen zu drücken. Keine Ablenkungsmanöver: *Legen Sie einfach los!*

Ordnung nach Plan!

Der beste Trick, um endlich Ordnung zu schaffen: geplant vorgehen. Erstellen Sie einen *Aufräumplan*. Legen Sie fest, was Sie alles aufräumen wollen, und gehen Sie dann Schritt für Schritt vor. Nutzen Sie kurze Pausen oder Leerlaufzeiten für kleinere Aufräumaktivitäten. Und: Wenn das Chaos sehr groß ist, sollten Sie die Arbeit auf mehrere Tage verteilen.

Alles in Ordnung?

Jeder Jeck ist anders, sagen die Rheinländer, und das gilt auch in Sachen Ordnung. Für die einen ist Unordnung ein rotes Tuch, für die anderen ein Ausdruck von Kreativität und Lebensfreude. Unordnung ist eben auch *Typsache*. Und: Welcher Typ sind Sie? Vielleicht finden Sie sich ja wieder?

Ordnungsgenie oder Chaot?

Der Sammler

»Das kann ich bestimmt noch einmal brauchen!« Das ist das Motto aller ewigen Sammler. Egal, ob das kaputte Diktiergerät, die Werbegeschenke von der letzten Messe, abgelaufene Kalender oder veraltete Kataloge: Schränke, Schubladen und Ablagen sind mit Dingen vollgestopft, die nie mehr zum Einsatz kommen.

Der Aufschieber

Beim ihm wartet alles darauf, irgendwann abgelegt, aussortiert oder weggeworfen zu werden. Doch das kann dauern. Denn: Aufschieber haben einfach nie Zeit zum Aufräumen, weil es immer etwas gibt, das wichtiger ist. Eine besondere Spezies unter den Aufschiebern ist der *Perfektionist:* Beim ihm bleiben die Dinge liegen, weil er nie ausreichend Zeit findet, um alles perfekt zu ordnen.

Der Trotzkopf

Er arbeitet und lebt im Chaos. Unansehnliches Verpackungsmaterial im Regal, benutzte Kaffeetassen und übervolle Aschenbecher auf dem Schreibtisch, ungeöffnete Werbematerialien in der Ecke – der Trotzige hat eine große Abneigung gegen feste Regeln. Ordnung ist für ihn gleich Zwang, und so steht er sich in Sachen Ordnung meist selbst im Weg.

Der Sentimentale

Die Siegerurkunde im Sackhüpfen vom Betriebsfest, Urlaubskarten, Neujahrsgrüße oder unzählige Fotos von Messebesuchen: Für Sentimentale hat alles einen Wert, mit allem verbinden sie lieb gewonnene Erinnerungen. Alles wird gesammelt und aufbewahrt, aber meist nie wieder hervorgekramt und angeschaut.

Weg damit!

Egal welcher Ordnungstyp Sie persönlich »anspricht«, gegen Unordnung hilft nur eines: Ärmel hochkrempeln und aufräumen. Machen Sie sich klar: Es bringt nichts, die vorhandenen Dinge einfach nur umzuschichten. So sortieren Sie Ihr Chaos neu – in den Griff bekommen Sie es aber nicht.

Das A und O beim Ordnung schaffen ist wegwerfen. Aber: Stürzen Sie sich nicht blindlings in den Kampf gegen das Chaos. Gehen Sie systematisch vor.

Mein Tipp: Räumen Sie Schreibtisch, Bücherregal oder Kleiderschrank erst einmal komplett leer und unterteilen Sie dann alles in *vier Aufräum-Stapel*:

1. Ab in den Müll

Dieser Stapel ist der wichtigste. Hier sammeln Sie alles, was *nicht mehr gebraucht* wird oder *kaputt* ist. Lassen Sie auch alle Dinge in den Müll wandern, die Sie seit mehr als einem Jahr nicht mehr benutzt haben. Sie werden nichts vermissen! Wenn Sie mit Ihrer Aufräum-Aktion fertig sind, dann stellen Sie Ihre Müll-Kisten nicht einfach in den Keller, sondern *bringen Sie Ihren Müll sofort weg!*

2. Einfach Weitergeben

Zu dieser Kategorie gehört alles, was Sie in irgendeiner Weise *weitergeben* möchten:

- Dinge, die Sie sich ausgeliehen haben und nun zurückgeben wollen,

- Sachen, die doppelt vorhanden sind oder die Sie selbst nicht mehr brauchen, mit denen Sie anderen aber eine Freude machen können,
- Gegenstände, die eigentlich ins Auto, in den Garten oder ins Büro gehören.

3. Das bleibt

Hierhin kommt alles, was Sie auch weiterhin *behalten wollen*. Das sollten nur die Dinge sein, die Sie auch *wirklich brauchen* oder die Ihnen *lieb und teuer sind*.

4. Fragezeichen

Packen Sie die Sachen, die Sie keinem Stapel zuordnen können, zunächst in einen Karton. Aber: Kontrollieren Sie den Inhalt regelmäßig. Sie werden staunen, wie viele Dinge Sie schon nach kurzer Zeit leichten Herzens *entsorgen* können.

Auf die Plätze!

Wenn Sie entschieden haben, was in welche Kategorie kommt, sollten Sie sich den Gegenständen widmen, die Sie behalten wollen. Geben Sie diesen Dingen einen *festen Platz*. Dann können Sie sicher sein, dass Sie alles, was Sie brauchen, in Zukunft ganz schnell finden werden. Wichtig ist, dass Sie sich frei davon machen, wo Sie die Dinge bislang aufbewahrt haben. Denn: Alles sollte genau dort aufbewahrt werden, wo es auch gebraucht wird.

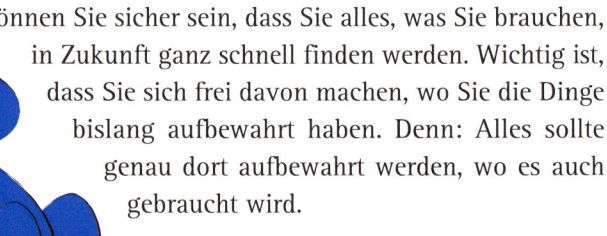

Das Chaos über-listen!

Checklisten geben uns Struktur, bringen Ordnung ins Leben und schenken uns Zeit. Also: Einfach Liste erstellen, regelmäßig ergänzen und aktualisieren, Blick drauf werfen und nichts mehr vergessen. Natürlich sind Listen nicht nur hilfreich, wenn es ums Aufräumen geht. Deshalb sollten Sie folgende Listen immer griffbereit haben:

✔ Gesundheitsliste mit Vorsorgeterminen, Adressen und Telefonnummern von Hausarzt, Zahnarzt, Apotheke…

✔ Geburtstagsliste mit Geschenkideen.

✔ Handwerkerliste mit Telefonnummern.

✔ Entrümplungsliste mit allem, was entsorgt werden muss.

✔ Putzliste mit allem, was blitzen und blinken soll.

✔ Urlaubsliste mit allem, was bis zur Abreise zu erledigen ist und unbedingt noch mit in den Koffer muss.

Schreibtisch in Bestform

Oft ist der Schreibtisch Zeitdieb Nummer 1. Chaotische »Volltischler« verlieren täglich jede Menge Zeit, weil sie einfach nichts finden.

Mein Tipp: Machen Sie »tabula rasa« und unterwerfen Sie Ihren Schreibtisch konsequent der *Drei-R-Regel* – Radikales-Raus-Räumen. Ganz egal, wie überladen Ihr Schreibtisch ist, es gibt eine Lösung, die maximal zwei bis drei Stunden in Anspruch nimmt: Nehmen Sie in schneller Folge jedes Papier einmal (!) in die Hand und entscheiden Sie sich für eine von vier Möglichkeiten:

1. Soforterledigung
2. Delegieren
3. Ablegen
4. Papierkorb

1. Do It Now – Soforterledigung

Alles, was auf Ihrem Soforterledigungs-Stapel gelandet ist, sollten Sie innerhalb von drei Tagen erledigen. Lassen Sie dabei auch mal Fünfe gerade sein. Beherzigen Sie in Zukunft in Sachen Soforterledigung das DIN-Prinzip. DIN steht für *Do It Now.* Schieben Sie kleinere Arbeiten nicht mehr ewig vor sich her. Denn: Gerade Kleinigkeiten, die lange liegen bleiben, sorgen in der Addition dafür, dass wir früher oder später heillos überfordert sind.

Machen Sie den Masern–Test

Markieren Sie jedes Blatt auf Ihrem Schreibtisch mit einem roten Punkt – und zwar jedes Mal, wenn Sie es in die Hand nehmen. Wenn auf Ihrem Schreibtisch die Masern ausbrechen, wird es höchste Zeit, die Papiere ihrer Bestimmung zuzuführen: Papierkorb, Ablage, Delegation oder Soforterledigung – so behalten Sie den Überblick und sparen eine Menge Zeit.

---

2. Delegieren

Natürlich gibt es viele Aufgaben, die sich nicht sofort erledigen lassen. Hier gilt: *Delegieren Sie so viel wie möglich.* Sagen Sie klar, was Sie erwarten. So vermeiden Sie Rückfragen und Frust. Und: Lassen Sie Ihr Gegenüber wissen, warum es eine bestimmte Aufgabe für Sie erledigen soll. Denn das erhöht die Motivation.

3. Ablegen

Machen Sie Schluss mit Papierstapeln und Aktenbergen. Bis auf Frist- und Archivsachen kommt alles, was Sie ablegen wollen, in eine *Hängeregistratur.* Vergessen Sie nicht, Ihre ganz persönliche Akte anzulegen. Unter die Rubrik »ICH« fallen Lebensvision, Jahresziele oder auch die Notizen zu Ihrem Jahresgespräch mit Ihrem Chef. Doch: Das beste Ordnungssystem bringt nichts, wenn die *richtige Beschriftung* fehlt. Wie oft haben Sie schon Unterlagen im Ordner »Sonstiges« oder »Privates« gesucht? Also: Schreiben Sie ganz klar drauf, was drin ist! Vergessen Sie nicht, einen *Ablageplan* zu erstellen und diesen immer auf dem neuesten Stand zu halten. So finden Sie Ihre Dokumente garantiert.

4. Papierkorb

Werfen Sie alles, was nicht wirklich wichtig und älter als sechs Monate ist, konsequent weg. Nur Mut! Seien Sie sparsam beim Aufheben und Ablegen. Wenn Sie sich nicht sicher sind, ob Sie Papiere auch wirklich entsorgen können, dann nehmen Sie eine Kiste und erklären Sie diese zum *Zwischenlager.* Deponieren Sie alle fraglichen Papiere in dieser Kiste. Gehen Sie Ihr Zwischenlager einmal im Monat durch und übergeben Sie die Unterlagen,

> »Die Basis einer gesunden Ordnung ist ein großer Papierkorb.«
> *Kurt Tucholsky*

die Sie in den letzten Wochen nicht vermisst haben, dann endgültig dem Papierkorb.

Das Drei-zu-Eins-Prinzip!

Bringen Sie Ordnung in Ihre Ablagesysteme, und zwar mit dem Drei-zu-Eins-Prinzip. Immer wenn Sie in einem Ablagekörbchen oder Ordner etwas suchen, dann werfen Sie alle veralteten oder überflüssigen Papiere, über die Sie bei Ihrer Suchaktion stolpern, konsequent weg. So sorgen Sie für eine schlanke Ablage – ganz einfach, ohne große Entrümpelungsaktion!

Andauernd ordentlich

Damit die wohltuende Leere auf Ihrem Schreibtisch auch von Dauer ist: Geizen Sie zukünftig mit dem Platz auf Ihrem Schreibtisch. Platzieren Sie in Ihrer unmittelbaren *Reichweite* nur Dinge, die Sie auch täglich benutzen.

Sorgen Sie gerade bei extrem hoher Arbeitsbelastung für einen aufgeräumten Schreibtisch. Die Zeit, die Sie für das Aufräumen brauchen, machen Sie schnell wieder wett. Denn: An einem aufgeräumten Schreibtisch geht Ihnen die Arbeit *viel leichter* und *viel schneller* von der Hand.

Betrachten Sie eine Aufgabe erst dann als erledigt, wenn Ihr Schreibtisch wieder leer ist und alle Unterlagen an ihrem angestammten Platz sind. Machen Sie es sich außerdem zur Gewohnheit, abends Ihren Schreibtisch aufzuräumen. Das erleichtert den Einstieg in den nächsten Tag. Und: Eine überlegt gefüllte Schreibtischschublade erspart Lauferein wegen einzelner Büroklammern oder Stifte.

Kleine Handgriffe – große Wirkung

»Wir bitten Sie, diesen Raum so sauber und ordentlich zu verlassen, wie Sie ihn selbst vorfinden möchten!« Ein Prinzip, das auch Sie verinnerlichen sollten. So schaffen Sie Ordnung – ganz einfach und schnell.

✔ Aktualisieren Sie Akten, bevor Sie sie wieder ablegen.

✔ Bringen Sie alles, was Sie benutzen, sofort nach Gebrauch wieder an seinen Platz.

✔ Fällt etwas herunter, heben Sie es sofort wieder auf.

✔ Verlassen Sie Ihren Schreibtisch jeden Abend ein bisschen ordentlicher, als er morgens war.

Lust auf mehr Ordnung

Auch in Sachen Ordnung und Entrümpeln gilt: Es ist egal, wo Sie anfangen. Wichtig ist, dass Sie anfangen! Setzen Sie sich *kleine, konkrete Ordnungsziele.* Fangen Sie beispielsweise mit einer Schublade oder einem kleineren Regal an. Und: Machen Sie *Vorher-Nachher-Fotos.* Das hebt die Laune und macht Lust auf mehr Ordnung.

> »Ordnung marschiert mit gewichtigen und gemessenen Schritten, Unordnung ist immer in Eile.«
>
> *Napoleon I.*

Kapitel 6
Fakten statt Infoflut: Kommunikation, erfolgreich und effektiv

World Wide Web, SMS, E-Mail oder WAP: Kommunikation kennt keine Grenzen. Sie erfolgt auf allen Kanälen – weltweit und rund um die Uhr. So versinken wir tagtäglich in einer wahren *Flut von Informationen* und wissen oft nicht, wie wir die Unmengen an E-Mails, Faxen oder Post überhaupt bewältigen sollen.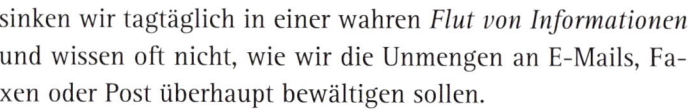

Doch nicht nur die Anzahl der Informationen wächst explosionsartig, auch das *Tempo*, mit dem sie auf uns einprasseln, steigt stetig. Längst ist ein neues Zeitalter angebrochen: Das *Web-Zeitalter*, das durch eine völlig neue Zeitrechnung geprägt ist – das Web-Jahr. Das Gravierende: Ein Web-Jahr verlangt uns mit seinen überfüllten elektronischen Postfächern die Arbeitsbelastung von drei »traditionellen« Arbeitsjahren ab!

Ob elektronisch, telefonisch oder auf Papier – es wird immer wichtiger, ankommende Informationen möglichst kraft- und zeitsparend zu verarbeiten. Wer seine Ressourcen auf das Web-Jahr einstellen will, muss nicht schneller arbeiten, sondern *besser mit seinen Kräften haushalten.* Inzwischen greifen immer mehr Menschen wieder auf langsamere Möglichkeiten der Informationsvermittlung zurück. Sie arbeiten offline und versuchen, komplexe Informationssysteme mehr und mehr zu vereinfachen.

Lernen auch Sie, E-Mail und Co. wieder in den Griff zu bekommen – langsam, aber sicher.

1. Gut informiert: Die E-Mail-Flut bewältigen

Nur einen Klick entfernt: Kaum hat man eine E-Mail verschickt, kommen auch schon die Antwort und viele weitere Mails vom anderen Ende der Welt zurück. E-Mails sind zur kommunikativen Selbstverständlichkeit geworden – beruflich und privat. Keine Frage, dieses *Kommunikationsmittel* ist genial. Dennoch: Ursprünglich dazu gedacht, Kommunikation zu beschleunigen, rangieren Mails inzwischen auf der Liste der *Zeitfresser* und *Energieräuber* ganz weit oben.

E-Mails rationell und effizient
Täglich 50 Mails und mehr – *Tendenz steigend*! Spams legen Ihren Posteingang lahm, wichtige Mitteilungen verschwinden zwischen belanglosen Rund-Mails, überflüssigen Rückantworten und Unmengen von Junk-Mails.

Brauchen auch Sie immer mehr Zeit, um die stetig wachsende *E-Mail-Flut* in den Griff zu bekommen? Leiden auch Sie mehr und mehr unter *E-Mail-Stress*? Dann ist es höchste Zeit, der digitalen Flutwelle einen Riegel vorzuschieben.

Sie haben Post!
Stellen Sie als Erstes Ihren *Mail-Alarm* ab! Lassen Sie sich nicht ablenken! Es ist gar nicht nötig, dass Sie jeder ankom-

Wie viele E-Mails bewältigen Sie pro Tag?

Ihre Meinung	Klicks	in %	
Mehr als 100	399	3,74	▮
75–100	411	3,85	▮
50–75	890	8,34	▭
20–50	3410	31,94	▭▭▭▭▭
10–20	2952	27,65	▭▭▭▭▭
Weniger als 10	2409	22,57	▭▭▭▭
Ich arbeite nicht mit E-Mail	204	1,91	▮
Summe	10675	100%	www.seiwert.de (Jan. 2009)

menden Mail augenblicklich Ihre ganze Aufmerksamkeit schenken. Nehmen Sie sich ein-, höchstens zweimal am Tag gezielt Zeit für Ihre Mails und bearbeiten Sie diese en bloc.

- Gehen Sie bei der Bearbeitung Ihrer Mails *zeitsparend* vor. Investieren Sie pro Mail möglichst nicht mehr als zwei Minuten. Entscheiden Sie bei jeder Mail sofort: *reagieren, archivieren oder löschen.*
- Schreiben Sie keine *unnötigen Mails*: Oftmals ist ein Telefonat schneller und sinnvoller. So eignen sich E-Mails nicht für die Austragung von Konflikten, Brainstormings oder komplexe Entscheidungsfindungen.
- As soon as possible: Machen Sie sich aber bitte keinen unnötigen Stress. In der Regel genügt es, wenn Sie eine Mail *innerhalb von 24 Stunden* beantworten. Ausnahme: Mails mit hoher Wichtigkeit!

Auf den Punkt gebracht

Stellen Sie Ihre E-Mail-Korrespondenz unter das Motto: *informieren statt fabulieren.* So kommen Sie schneller voran, und auch der Empfänger weiß eine kurze, informative Mail sicher zu schätzen:

- Der *Betreff* sollte prägnant und verständlich sein. Gibt es ein Projekt-Kürzel, dann setzen Sie dieses an den Anfang. So weiß der Empfänger, worum es geht.
- Eine Mail sollte nur wenige *Fragen und To-dos* enthalten, das erleichtert die Bearbeitung und erhöht die Wahrscheinlichkeit, eine schnelle Antwort zu erhalten. Ganz wichtig: Nennen Sie eine *Deadline*, bis wann Sie die Antwort spätestens benötigen.
- Wenn Sie auf eine Mail antworten, kopieren Sie am besten die Passage, um die es geht. Das vereinfacht die Kommunikation.
- Eine *klare Struktur* und Gliederung macht Ihre Nachricht lesefreundlich und verständlich. Arbeiten Sie mit Zeilenumbrüchen und Absätzen. Bei langen Texten sollten Sie die Kernaussage kurz am Anfang oder Ende der Mail zusammenfassen.
- Benutzen Sie eine *automatische Signatur mit allen wichtigen Kontakt-*

> Nutzen Sie den Marker für »Wichtigkeit hoch« mit Bedacht. Wenn bei Ihnen immer alle Mails höchst wichtig bzw. dringend sind, dann verpufft die Wirkung ganz schnell.

> »Die Bildung wird täglich geringer, weil die Hast größer wird.«
> *Friedrich Nietzsche*

daten. Dann kann der Empfänger ganz schnell auch telefonisch oder per Post mit Ihnen in Kontakt treten.

• Bewährt haben sich auch Vorlagen und *Textbausteine.* Beim Einsatz dieser praktischen Texthelfer sollten Sie jedoch darauf achten, niemanden einfach so mit vorgefertigten Phrasen abzuspeisen. Ideal ist ein Mix aus einigen persönlichen Worten und Textbausteinen.

Mails mit AHA-Effekt

Kurz und knapp bekommen Sie Mails mit dem AHA-System in den Griff:

Abfall: Löschen Sie rigoros – so viel und so schnell wie möglich.

Handeln: Bearbeiten Sie wichtige Mails, die auch dringlich sind, möglichst sofort, nachdem Sie sie geöffnet haben.

Ablage: Mails, deren Bearbeitung längere Zeit beansprucht und zudem nicht sofort erfolgen muss, einfach archivieren. Aber bitte so, dass Sie sie auch ohne großes Suchen wieder finden.

Cleverer Posteingang

Landen auch in Ihrem Posteingang viele Mails, bei denen Sie sich nicht sicher sind, ob Sie sie noch einmal brauchen? Dann richten Sie doch einfach einen *virtuellen Vor-Papierkorb* ein. Legen Sie einen 30-Tage-Ordner an. In diesen Ordner kommt alles Fragliche. Werfen Sie regelmäßig einen Blick in Ihren Vor-Papierkorb und löschen Sie dann alle Nachrichten, die älter als 30 Tage sind.

E-Mails reduzieren

Dank der *CC-Funktion* kann man Mails problemlos an einen großen Adressatenkreis verschicken. Doch: Die meisten Mails, die wir so bekommen, sind absolut nicht wichtig! Deshalb sollten Sie mit Kollegen, Kunden und Freunden vereinbaren, dass alle sparsam mit der CC-Funktion umgehen. So können Sie die Mail-Schwemme ganz einfach eindämmen!

Virtuelle Urlaubsvertretung

Nach dem Urlaub läuft bei vielen das E-Mail-Postfach über! Dabei gibt es einen einfachen Trick, um das zu verhindern. Nutzen Sie den *Abwesenheitsassistenten* Ihres Mail-Programms als virtuelle »Urlaubsvertretung«. Verschicken Sie auf jede Mail eine automatische Antwort und teilen Sie dem Absender mit, dass Sie Urlaub haben. Bitten Sie ihn, sich an Ihre Kollegen zu wenden oder sich nach Ihrem Urlaub wieder bei Ihnen zu melden.

Spiced Pork and Ham

Ursprünglich war Spam der Markenname eines englischen Dosenfleisches. Zum Synonym für unerwünschte Werbemails wurde es durch einen Sketch von Monty Pythons »Flying Circus«: Eine skurrile Wikinger-Gruppe entert ein Restaurant und schreit unaufhörlich »Spam, Spam, Spam, wonderful Spam«. Die Folge: Die Gäste können sich nicht mehr unterhalten, die Kommunikation bricht komplett zusammen. Und genau diesen unerfreulichen Effekt haben Spam-Mails auch auf unsere E-Mail-Kommunikation.

Keine Zeit für Spam und Co.

Über 20 Milliarden Werbe-E-Mails, so eine Studie der Europäischen Union, landen täglich weltweit ungebeten in unseren elektronischen Postfächern. Tendenz weiter steigend! Und: Die Spammer lassen sich immer neue Tricks einfallen, um ihre Werbebotschaften als ganz normale digitale Post zu

Emoticons oder Akronyme bringen Stimmungen in der anonymen Cyber-Welt auf den Punkt:

:-)) = perfekt, sehr schön, dickes Lob!
:-) = o.k. – in Ordnung!
:-(= kleine Panne, Missgeschick!
:-o = Überraschung!

tarnen. Diese Mails blockieren Rechner, schleppen Viren oder E-Mail-Würmer ein und kosten jede Menge Zeit und Nerven. Da hilft nur eines: Schieben Sie Spam und Co. den Riegel oder besser gesagt den *Filter* vor. Mit einigen *cleveren Mausklicks* können Sie den Filtern beibringen, lästige Mail-Absender zu sperren, erwünschte Post aber durchzulassen. Und: Wenn Sie einmal wöchentlich einen Blick in Ihren Spam-Ordner werfen, können Sie sicher sein, dass keine wichtige Mail versehentlich dort gelandet ist.

Die Stimme im Kopf!

Ein Empfänger hat Ihre Mail falsch verstanden und reagiert sauer. Woran das liegt? Wenn Sie eine Mail schreiben, haben Sie Ihre ganz eigene Betonung der Sätze im Kopf. Doch beim Gegenüber kommt nur die reine Textinformation an, die er in seiner Betonung liest – so entstehen Missverständnisse. Achten Sie bei der nächsten E-Mail auf die *Betonungen in Ihrem Kopf*. Formulieren Sie möglichst klar und unmissverständlich.

Ziemlich geheim!

Richten Sie sich eine geheime E-Mail-Adresse ein. Geben Sie Ihre *Geheim-Adresse* wirklich nur Ihren wichtigsten Geschäftspartnern und engsten Freunden. Bitten Sie diese, Ihre Adresse keinesfalls weiterzugeben oder in Mails an Dritte im CC-Feld auftauchen zu lassen. So können Sie sicher sein, dass keine unerwünschten Mails in Ihrem Postfach landen.

2. Info-Management: Ganz schnell zum Wesentlichen

Haben Sie schon einmal nachgerechnet, was *eine Stunde Ihrer Zeit* kostet? Einen groben Anhaltspunkt gibt Ihnen Ihr Jahresgehalt. Teilen Sie es einfach durch die Anzahl Ihrer Arbeitsstunden. Die Frage lautet: Was kostet eine Stunde Ihrer Zeit, und was ist sie Ihnen wert?

Wollen Sie wirklich kostbare Stunden mit völlig Unwesentlichem wie Postbearbeitung, Zeitschriftenablage, der Lektüre von belanglosen Informationen oder dem Sortieren von wild verstreuten Notizen verbringen? Sicher nicht!

Bermudadreieck Postbearbeitung

Stapelweise Post – das x-te Versicherungsangebot, belanglose Presseinfos und Werbung über Werbung. Tag für Tag landen Unmengen von Papier auf unserem Schreibtisch. Diesen *Postberg* zu durchforsten, das kostet viel Zeit, Geld, und Nerven.

Schieben Sie der Briefflut einen Riegel vor! Wenn Sie von einer Person oder Firma keine Nullachtfünfzehn-Post mehr bekommen wollen, dann verlangen Sie mit Nachdruck, dass man Sie aus dem Verteiler nimmt. So können Sie Ihr Postaufkommen um bis zu 70 Prozent reduzieren.

Mit den folgenden Tricks bekommen Sie auch den Rest ganz einfach in den Griff:

- Erledigen Sie Ihre Eingangspost zu *festen Zeiten*.
- *Verzichten Sie* möglichst auf den *Eingangsstempel*.

- Nehmen Sie *jedes Schriftstück nur einmal* in die Hand. Entscheiden Sie sofort: wegwerfen, weitergeben oder selbst erledigen?
- Halten Sie sich bei Selbsterledigung an die bewährte *KISS-Formel*: Keep it Short and Simple! Genügt ein Vermerk auf dem Originalbrief? Eine handschriftliche Notiz? Ein Korrespondenz-Vordruck? Ein Fax? Ein Anruf? Eine E-Mail? Oder einfach der Papierkorb?

Kurze Presseschau

Auch in Sachen Zeitungen und Zeitschriften sollten Sie mit Ihrer Zeit geizen. Am einfachsten gelingt das so:

- Sammeln Sie neue Zeitschriften, um sie en bloc durchzusehen. Reservieren Sie sich einen *festen Termin* für Ihre Presseschau.
- Lesen Sie nicht einfach drauflos, *wählen Sie* erst einmal nur aus. Erscheint Ihnen etwas interessant, dann versehen Sie den entsprechenden Artikel mit einer Haftnotiz oder machen eine Kopie.
- *Teilen Sie sich das Sichten mit Ihren Kollegen.* Informieren Sie sich gegenseitig, falls etwas Relevantes im Heft ist.
- Nehmen Sie interessante Artikel mit. So können Sie unterwegs unliebsame *Wartezeiten überbrücken.*

Die KISS-Formel hat sich nicht nur in Sachen Post bestens bewährt: Keep it Short and Simple! Das sollte bei allem, was Sie tun, Ihr Motto sein.

> »Die Bildung kommt nicht vom Lesen, sondern vom Nachdenken über das Gelesene.«
> *Carl Hilty*

Investieren Sie Ihre Zeit lieber in einen kleinen Stapel ausgewählter Lektüre als in einen unüberschaubaren Berg ungesichteter Texte. Oder: Halten Sie sich mit *kurzen Abstracts* auf dem Laufenden.

3. Ganz klassisch: Telefon und Co.

Moderne Kommunikationsmittel haben Hochkonjunktur. Doch: Auch im Web-Zeitalter haben Fax, Telefon oder der klassische Geschäftsbrief noch längst nicht ausgedient.

Fax – und fertig!

Geradezu ideal ist das Fax, um schriftliche Anfragen zu beantworten: Einfach die Antwort per Hand aufs Original schreiben und zurückfaxen. Schneller und bequemer geht es garantiert nicht! Aber nicht alles, was in den Fax-Papiereinzug passt, eignet sich zum Faxen. Vertrauliche Informationen und Verträge sollten Sie besser per Brief verschicken.

Clever telefonieren!

Das Telefon bietet sich an, wenn die Kommunikation etwas persönlicher sein soll. Aber: Der Griff zum Hörer kann jede Menge Zeit kosten. Deshalb sollten Sie Ihre *Telefonate straffen.* Überlegen Sie genau, was Sie mit Ihrem Anruf erreichen wollen. Erstellen Sie eine Liste mit allen Dingen, die Sie besprechen möchten. Halten Sie sich nicht lange mit unnötigem Small-Talk auf. Kommen Sie schnell zum Thema und arbeiten Sie Ihre Liste Punkt für Punkt ab.

Mein Tipp: Aktivieren Sie die Zeitanzeige auf dem Display Ihres Telefons. So verlieren Sie Ihre Zeit nicht aus den Augen.

Keiner da!

Manchmal ist es wie verhext: Wir wollen jemanden anrufen und erreichen immer nur die Mailbox. Und: Wenn der andere dann zurückruft, dann sind wir nicht da! Oft geht dieses nervige Spielchen mehrmals hin und her.

Mein Tipp: Wenn Sie nur die Mailbox erreichen, dann geben Sie nicht nur langsam und deutlich Ihre Telefonnummer an,

Ganz persönlich

Egal ob private Verabredung, Kundengespräch oder Arztbesuch: Wenn Ihnen klar wird, dass Sie einen Termin nicht einhalten können, sagen Sie umgehend ab. Verbinden Sie Ihre Absage mit der Bitte um einen Ersatztermin. Und: Sagen Sie nicht per Fax oder Mail ab, sondern persönlich am Telefon.

sagen Sie auch, wann man Sie am besten erreichen kann. Dann klappt es sicher mit einem Telefontermin!

Schnell notiert

Halten Sie immer einen Stapel Post-it-Notes samt funktionierendem Stift neben dem Telefon bereit. Dann können Sie beim Telefonieren alles Wichtige notieren, Informationen weiterleiten und Termine sofort in Ihren Kalender kleben.

4. Kurz und knapp: Effektive Besprechungen

Keine Tagesordnung, keine klaren Ziele und schon gar keine konkreten Ergebnisse: Studien von führenden Unternehmensberatungen belegen, dass 40 *Prozent* der Zeit, die wir mit Besprechungen verbringen, einfach sinnlos vertan ist. Das heißt: Die meisten Meetings sind bei kritischer Betrachtung eine ziemliche Zeit- und Geldverschwendung.

Weniger ist manchmal mehr

Endlose Sitzungen, überflüssige Diskussionen oder ergebnislose Meetings sind schlimme Energieräuber. Das bedeutet jedoch nicht, dass man gänzlich auf Meetings verzichten sollte. Aber man sollte im Einzelfall immer das Für und Wider abwägen und auch *kostengünstige Alternativen* prüfen: etwa Mails statt Meetings, Telefonieren statt Tref-

> »Das Leben ist zu kurz für lange Meetings.«
> *Klaus Klages*

fen, Videokonferenz statt Reisen. Manchmal genügt auch schon ein kurzes Rundschreiben oder ein sogenanntes *Stand-up* – eine Besprechung, bei der die Teilnehmer erst gar nicht Platz nehmen, sondern sich im Stehen austauschen. Da niemand gerne lange steht, dauern diese »Steh-ungen« höchstens 30 Minuten und sind somit wesentlich effizienter als traditionelle »Sitz-ungen«.

Effektives Besprechungsmanagement

Ein Meeting, das konkrete Ergebnisse und greifbare Erfolge bringt, macht richtig Spaß. Doch um das zu erreichen, genügt es nicht, nur ein paar Leute zusammenzutrommeln und ein bisschen über dies und das zu sprechen. Gute *Vorbereitung*, sorgfältige *Durchführung* und gewissenhafte *Ergebniskontrolle* sind ein Muss. Sicher ist das mit einigem Aufwand verbunden. Aber: Wenn Sie die nachfolgenden Punkte beachten, ist es eigentlich gar nicht so schwer:

Die Teilnehmer

Eine der wichtigsten Grundlagen für ein erfolgreiches Meeting ist die richtige Zusammensetzung der Teilnehmer. Auch hier gilt: Weniger ist mehr. Je größer die Runde, desto schwerer ist es, Entscheidungen zu fällen. Besonders ungünstig ist es, wenn ein Meeting zwar sehr gut besucht ist, die entscheidenden Personen jedoch fehlen. Prüfen Sie daher, bevor Sie zu einem Gespräch einladen, sehr sorgfältig:

- Für wen sind die Inhalte des Meetings relevant?
- Wer muss nicht oder vielleicht nur kurz dabei sein?

- Welche Entscheidungsträger sollten unbedingt anwesend sein?
- Gibt es Experten, die man dazubitten sollte?

Mein Tipp: Damit sich jeder Einzelne sorgfältig auf das Treffen vorbereiten kann, sollten alle Teilnehmer so früh wie möglich zu einem Meeting eingeladen werden. Die Einladung sollte zudem alle *Tagesordnungspunkte*, das damit beabsichtigte *Ziel* und den dafür eingeplanten *Zeitbedarf* enthalten.

Der Moderator

Lange Diskussionen ohne Ergebnis, Zwischenrufe, Schuldzuweisungen: Bei den meisten Besprechungen geht es drunter und drüber. Der Erfolg eines Meetings hängt daher ganz entscheidend von den Moderationsqualitäten des Besprechungsleiters ab. Er muss dem Gespräch *Struktur geben* und es *zielorientiert führen*, ohne autoritär zu sein. Ein guter Moderator ist in der Lage, selbstverliebte Vielredner und thematische Geisterfahrer zu stoppen, ruhige Teilnehmer zu aktivieren, Meinungsunterschiede aufzuzeigen und Entscheidungen herbeizuführen. Besonders wichtig: Er sollte immer wieder *Zwischenergebnisse zusammenfassen* und mit Hilfe eines Flipcharts oder einer Pinnwand visualisieren. Das beugt Missverständnissen vor und erhöht die Verbindlichkeit der getroffenen Abmachungen.

Die Agenda

Das A und O für eine gelungene Besprechung ist eine gut strukturierte Agenda mit eindeutig festgelegten *Prioritäten* und einem realistischen *Zeitplan*. Folgende Überlegungen sollten Sie bei der Erarbeitung einer Meeting-Agenda berücksichtigen:

- Was sind die *Ziele* des Meetings?
- Welche *Tagesordnungspunkte* sollen zur Sprache kommen?
- Welche Punkte haben oberste *Priorität*?
- Wie sieht der *zeitliche Ablauf* des Meetings aus?
- Woran lassen sich *Erfolg* oder Misserfolg einer Besprechung konkret festmachen?

Mein Tipp: Nutzen Sie die Agenda als Ablaufplan für die Besprechung. Stellen Sie den Plan zu Beginn vor, und sorgen Sie dafür, dass alle Teilnehmer die Agenda während der Besprechung gut sichtbar, beispielsweise als Plakat oder Overheadfolie, vor Augen haben.

Highlights für Ihr Meeting

Für wichtige Besprechungen sollten Sie nicht nur eine Agenda entwerfen, sondern ein »Drehbuch«. Sorgen Sie dafür, dass Ihr Meeting ein richtiges Kommunikations-Highlight wird. Inszenieren Sie die einzelnen Tagungsordnungspunkte. Rücken Sie die wichtigsten TOP ruhig einmal auffällig ins Blickfeld – mit Folien, Beamer und Co.

Der Zeitplan

Eine gute Agenda gibt den Zeitplan für eine Besprechung klar vor. Doch leider wird der Zeitplan in den meisten Meetings völlig außer Acht gelassen. So hat es sich eingebürgert, einige Minuten zu spät zu Besprechungen zu kommen. Das ist äußerst unhöflich, denn diejenigen, die zum vereinbarten Zeitpunkt eintreffen, sind zum Warten verurteilt, und das Meeting kann erst mit einer gehörigen Verspätung gestartet werden. Da hilft nur eins: Schließen Sie zum festgesetzten Zeitpunkt die Tür, und fangen Sie einfach an.

Je kürzer, desto effektiver. Im Idealfall dauert ein Meeting 30, maximal 60 Minuten.

Ein gelungenes Meeting beginnt nicht nur pünktlich, es endet auch wie geplant. Wenn abzusehen ist, dass die vorgegebene Besprechungszeit nicht ausreichen wird, sollte man keinesfalls ungefragt überziehen, sondern um eine kleine Verlängerung bitten. Geht das nicht, muss man gegebenenfalls einen neuen Termin vereinbaren.

Mein Tipp: Ernennen Sie einen Teilnehmer des Meetings zum »Zeitmanager«, der dafür sorgt, dass der Zeitplan auch wirklich eingehalten wird.

Das Protokoll

Keine Besprechung ohne Protokoll! Damit ein Meeting auch wirklich nachhaltige Ergebnisse bringt, muss unbedingt ein *Ergebnisprotokoll* angefertigt werden. Dies kann ein Teilnehmer übernehmen. Bei ausführlichen Meetings mit komplexen Inhalten ist es sinnvoll, einen Protokollführer zu engagieren, der nicht direkt an der Besprechung beteiligt ist und sich so voll und ganz seinen Notizen widmen kann.

Kleine Checkliste für ein erfolgreiches Meeting

So wird Ihre Besprechung garantiert ein Erfolg:

1. Führen Sie nur wirklich notwendige Besprechungen durch. ☐
2. Wählen Sie die Teilnehmer sorgfältig aus. ☐
3. Informieren Sie die Teilnehmer bereits im Vorfeld über alles Wissenswerte. ☐
4. Erstellen Sie eine gut strukturierte Agenda. ☐
5. Achten Sie darauf, den Zeitplan einzuhalten. ☐
6. Vereinbaren Sie »Diskussions-Spielregeln« für Ihre Meetings. ☐
7. Fassen Sie den Stand der Diskussion immer wieder zusammen. ☐
8. Nutzen Sie die Möglichkeiten zur Visualisierung. ☐
9. Achten Sie auf die korrekte Protokollierung der Besprechungsergebnisse. ☐
10. Kontrollieren Sie die Einhaltung der verabredeten Maßnahmen. ☐

Last but not least:
Eigentlich sollte es selbstverständlich sein, dass alles rechtzeitig parat ist – Raum, Beamer, Overhead-Projektor, Flip-Chart, Schreibmaterial ... Nur, wenn der organisatorische Rahmen stimmt, wird ein Meeting zum Erfolg.

Das Protokoll dient als *Gedächtnisstütze*. Man kann jederzeit nachlesen, was besprochen und vereinbart wurde. Es informiert alle über den Verlauf, vor allem aber über die Ergebnisse einer Besprechung. Es sollte so formuliert sein, dass es auch für diejenigen verständlich ist, die nicht persönlich anwesend sein konnten.

> »Es hört doch jeder nur, was er versteht.«
> *Johann W. von Goethe*

Und: Das Protokoll ist ein hervorragendes Kontrollinstrument, um nachzuverfolgen, wer sich verpflichtet hat, welche Aufgaben zu übernehmen.

Übrigens: Ein neuer Trend beim Protokollieren ist, das Meeting live über Laptop und Beamer für alle gut sichtbar zu dokumentieren. Das zieht zwar die Besprechung ein wenig in die Länge, Missverständnisse und Missinterpretationen sind so jedoch beinahe ausgeschlossen.

Spielregeln für Ihr Meeting

Ganz wichtig für erfolgreiche Meetings sind klare Regeln zum fairen Umgang miteinander:

- Den anderen ausreden lassen!
- Keine Zwischenrufe und Killerphrasen!
- Keine persönlichen Angriffe!
- Keine Endlos-Monologe!

Kapitel 7
Konzentration statt Ablenkung: Eine Frage der Disziplin

> »Disziplin ist der wichtigste Teil des Erfolgs.«
> *Truman Capote*

Zeitpläne erstellen, Prioritäten setzen und Aufgaben delegieren: Es nützt wenig, wenn Sie sämtliche Techniken des Zeitmanagements perfekt beherrschen. Sie müssen Ihr Wissen auch konsequent in die Tat umsetzen. Denn: Zeitmanagement braucht vor allem eins – *Disziplin*!

Bei den meisten von uns ist der Begriff Disziplin negativ besetzt. Im Buddhismus hingegen bedeutet Disziplin nichts anderes als die *Konzentration auf das Wesentliche*! Genauso sollten wir Disziplin auch im Hinblick auf den Umgang mit unserer Zeit sehen. Disziplin hilft uns, unsere Ziele zu verwirklichen, unserem Leben Sinn und Richtung zu geben, Zeit für unsere ureigensten Interessen zu gewinnen.

1. Achtung: Aufschieberitis!

Leider ist das manchmal so eine Sache mit der Disziplin und damit natürlich auch mit der Konzentration auf das Wesentliche. Nur allzu viele Dinge untergraben unsere Disziplin. Ganz oben auf der Liste steht die berühmt-berüchtigte *Aufschieberitis*. Aufschieberitis ist schon fast so etwas wie eine Volkskrankheit. Die meisten Menschen neigen dazu, unzählige Dinge vor sich her zu schieben – Tag für Tag, Woche für Woche. Doch: *Aufgaben wachsen in dem Maße, in dem wir Sie vor uns herschieben.* Eine aufgeschobene Aufgabe steht tagelang ganz oben auf unserer To-do-Liste oder eine dicke Akte liegt wochenlang auf unserem Schreibtisch. Unerledigtes sitzt uns im Nacken, verursacht Gewissensbisse und verfolgt uns bis in den Schlaf. Glück und Zufriedenheit haben ihren Ursprung nicht in aufgeschobenen Arbeiten, sondern in dem, was wir angepackt haben.

Morgen! Versprochen!

»Was ich heute könnt besorgen, das verschieb ich gern auf morgen!« – wie bei den Unordentlichen gibt es auch bei den Aufschiebern *unterschiedliche Typen*. Vielleicht kommt Ihnen der eine oder andere ja bekannt vor?

Der Perfektionist

Er handelt nach der Devise: Entweder richtig oder gar nicht. Weil er es nicht schafft, sein Ablagesystem in einem Rutsch zu optimieren, bleibt letztlich alles so, wie es immer war.
Das hilft: Aufgaben und Projekte in überschaubare Teil-Ziele unterteilen und mit einem konkreten Termin versehen.

Der Auf-den-letzten-Drücker-Typ

Dieser Typ schwört, dass er nur unter Druck wirklich gut arbeiten kann. Mit der Folge, dass er ständig unter Hochspannung steht.
Das hilft: Selbst-Überlistung, Deadline für Aufgaben und Projekte einige Tage vorverlegen.

Der Zauderer

Er überlegt ständig, wann er was wie machen soll. Und: Vor lauter Grübeln fängt er erst gar nicht an.
Das hilft: Einfach machen, einfach anfangen.

Der Macher

Für ihn ist alles easy. Er weiß, wie es geht, fängt vieles an, verliert aber schnell die Lust. Auch hier bleiben Erfolge auf der Strecke.
Das hilft: So oft es geht, Arbeit und Spaß miteinander verbinden. Also: Erst aufräumen, dann mit Freunden essen gehen.

Der Hilfsbereite

Er will es allen recht machen, übernimmt jeden Job und die eigenen Projekt und Aufgaben bleiben unerledigt.
Das hilft: Nein sagen, Prioritäten setzen und selber delegieren.

Aufschieber sind nie um Gründe verlegen, warum sie etwas nicht erledigen konnten. Sie sind talentierte Ausredenerfinder und wahre Meister im *Finden* von Alibi-Aufgaben. Irgendwie ist immer alles wichtiger

> »Wer begonnen hat, der hat schon halb vollendet.«
>
> *Horaz*

als die Aufgabe, die sie schon ewig vor sich herschieben. Aufschieberitis ist also ein wahres *Paradoxon:* Man will es leicht haben, schiebt Unangenehmes auf die lange Bank und macht es sich so erst richtig schwer. Man will Zeit sparen, verschiebt deswegen Aufgaben nach hinten und kommt dadurch erst so richtig in Zeitnot.

Erste Hilfe gegen Aufschieberitis

Manchmal schiebt man eine Aufgabe über Wochen vor sich her, nur um dann festzustellen, dass man das Ganze problemlos innerhalb einer Viertelstunde erledigen kann. Lassen Sie nicht zu, dass Aufschieberitis Ihnen länger völlig unnötig das Leben schwer macht:

- Erstellen Sie eine *Liste mit allen unerledigten Jobs.* So haben Sie einen Überblick, was noch alles ansteht.
- Überlegen Sie bei jedem Punkt auf Ihrer Liste, was zu tun ist: Umgehend in Angriff nehmen? Delegieren? Oder: Hat sich die Sache schon selbst erledigt? Seien Sie mutig, nehmen Sie nur die *wirklich wichtigen Dinge* in Angriff. Streichen Sie so viele Aufgaben wie nur möglich von Ihrer Liste.
- Setzen Sie *Prioritäten* und entscheiden Sie, welche offenen Posten Sie zuerst in Angriff nehmen werden.

- Unterteilen Sie die Aufgaben in kleine Schritte. Versuchen Sie, mit einem *Teilaspekt* der Aufgabe zu beginnen, der Ihnen liegt und Spaß macht.
- Setzen Sie sich für jeden Zwischenschritt einen *konkreten Erledigungstermin.* Übertragen Sie diesen Termin in Ihre Tagesplanung. Planen Sie täglich eine feste Zeit ein, in der Sie Ihre Rückstände abtragen, am besten gleich morgens. Dann haben Sie es hinter sich.
- Kontrollieren Sie, ob Sie Ihre Aufgaben auch wirklich konsequent abarbeiten. *Belohnen* Sie sich, wann immer Sie eine unangenehme Aufgabe aus dem Weg geräumt haben. Genießen Sie das Gefühl, dass Sie einen offenen Job von Ihrer Aktivitätenliste abhaken können.

> »Die Menschen, die etwas von heute auf morgen verschieben, sind dieselben, die es bereits von gestern auf heute verschoben haben.«
>
> *Peter Ustinov*

Zögern Sie die Dinge nicht länger bis zum »Geht-nicht-mehr« hinaus. *Packen Sie es endlich an!* Und: Machen Sie Ihre Sache lieber nur zu 80 Prozent gut als zu 100 Prozent gar nicht. Verabschieden Sie sich von dem Irrglauben, dass Sie Liegengebliebenes – quasi als Wiedergutmachung für die Verzögerung – ganz besonders perfekt erledigen müssen.

Selbst-Check: Aufschieberitis

Die Aufschieberitis greift immer mehr um sich. Sind auch Sie gefährdet? Machen Sie den Test.
Lautet Ihre Antwort *oft*, bekommen Sie 2 Punkte, für *manchmal* gibt es 1 Punkt, für *nie* 0 Punkte.

Ich komme oft erst nach Tagen dazu, Dinge zu tun, die ich eigentlich sofort erledigen wollte.   Oft (2) / Manchmal (1) / Nie (0)

Es gibt immer viel zu viele Unterbrechungen, die mich davon abhalten, Wichtiges zu erledigen.   Oft (2) / Manchmal (1) / Nie (0)

Gerade bei komplizierten oder unangenehmen Aufgaben habe ich eine lange Anlaufzeit.   Oft (2) / Manchmal (1) / Nie (0)

Ich arbeite am besten unter Druck.   Oft (2) / Manchmal (1) / Nie (0)

Ich nehme Arbeit mit nach Hause, um sie abends oder am Wochenende zu erledigen.   Oft (2) / Manchmal (1) / Nie (0)

Ich nehme mir Dinge vor, die ich dann doch nicht tue.
Oft (2) / Manchmal (1) / Nie (0)

Ich habe viele Ideen, aber ich setze nur wenige meiner Pläne um.
Oft (2) / Manchmal (1) / Nie (0)

Mir wachsen so viele unerledigte Dinge über den Kopf.
Oft (2) / Manchmal (1) / Nie (0)

Ich versuche, meinen Tag gut zu organisieren, habe abends aber das Gefühl, nicht alles Wichtige erledigt zu haben.
Oft (2) / Manchmal (1) / Nie (0)

Die Dinge, die mir wichtig sind, gehen allzu oft im Alltagsstress unter.
Oft (2) / Manchmal (1) / Nie (0)

Haben Sie Ihre Punkte addiert? Dann lesen Sie jetzt, ob Sie unter Aufschieberitis leiden:

16 – 20 Punkte: Chronische Aufschieberitis!

Sie schieben einfach alles vor sich her. Tun Sie unbedingt schnellstens etwas gegen Ihre ewige Aufschieberitis!

15 – 6 Punkte: Klassische Aufschieberitis

Sie neigen dazu, vor allem unangenehme Aufgaben immer wieder nach hinten zu verschieben. Vieles nehmen Sie erst dann in Angriff, wenn es gar nicht mehr anders geht. Warten Sie nicht immer so lange, bis es brennt! Das macht das Leben einfacher.

0 – 5 Punkte: Diszipliniert gegen Aufschieberitis

Aufschieberitis ist für Sie fast kein Problem. Nur in seltenen Fällen bleibt bei Ihnen etwas Wichtiges liegen. Meist sind Sie diszipliniert und arbeiten Ihre Aufgaben konsequent ab. Sehr gut!

Abwarten und anfangen!

Das einfachste Mittel gegen Aufschieberitis: *einfach anfangen!*

Leider ist das mit dem Anfangen manchmal aber gar nicht so leicht. Wenn Sie wieder einmal keinen Anfang finden, dann versuchen Sie es doch einmal auf die ganz unkonventionelle Art:

- Legen Sie sämtliche Unterlagen, die Sie zur Erledigung einer aufgeschobenen Aufgabe brauchen, bereit. Räumen Sie alles andere zur Seite.
- Setzen Sie sich, und stellen Sie einen Wecker auf 15 Minuten.
- Sie müssen nun 15 Minuten warten. Vorher dürfen Sie nicht anfangen und auch nichts anderes tun. Sie müssen geschlagene 15 Minuten warten.

Wetten, dass Sie es nicht schaffen, volle 15 Minuten tatenlos dazusitzen und abzuwarten. Im Gegenteil: Sie werden sich sogar freuen, dass Sie nun endlich mit Ihrer aufgeschobenen Aufgabe beginnen können!

2. Fehler als Chance: Abschied vom Perfektionismus

> »Perfektion ist Lähmung.«
> *Winston S. Churchill*

Kennen Sie die Hauptursache für Aufschieberitis? Richtig: Perfektionismus. Wer immer alles perfekt erledigen will, der wird nie fertig und ist somit gezwungen, immer mehr Aufgaben immer länger vor sich herzuschieben.

Natürlich wollen wir alle unser Bestes geben. Doch: Muss deshalb immer alles perfekt sein? Perfektionismus hat einen hohen Preis:

- Perfektionismus macht *einsam*: Perfektionisten stellen hohe Anforderungen – an sich selbst, aber auch an andere. Das schreckt ab.
- Perfektionismus ist *Stillstand*. Er lässt keine Freiräume. Keine Freiräume für Kreativität und Innovation.
- Perfektionismus erzeugt *Leistungsdruck* und raubt Lebendigkeit und Lebensfreude.

Perfektionisten sind mit nichts und niemandem wirklich zufrieden – am wenigsten mit sich selbst. Ihr Blick ist selten auf das gerichtet, was schön und gut ist. Meist achten sie nur auf das, was in ihren Augen besser sein könnte. So ärgern sie sich über den kleinen Druckfehler in einem Gedicht und übersehen dabei die Schönheit der Worte. Das ist unglaublich schade, denn: Das Leben ist nicht perfekt und maximale Qualität nicht das Maß aller Dinge.

Selbst-Check:
Sitzen Sie in der Perfektionismus-Falle?

Tüfteln Sie gerne an Feinheiten und Details? Verbeißen Sie sich in bestimmte Aufgaben? Nehmen Sie sich Arbeiten nochmals vor, obwohl diese eigentlich schon abgeschlossen waren? Kurz: Sind auch Sie in der Perfektionismus-Falle gefangen? Der folgende kleine Test verrät es Ihnen.

0 = Ja   1 = Nein

Wenn ich nicht höchste Anforderungen an mich stelle, laufe ich Gefahr, ins Mittelmaß abzufallen.	0	1
Wenn ich etwas nicht wirklich gut machen kann, dann hat es keinen Sinn, es überhaupt zu tun.	0	1
Durchschnittliche Leistungen sind für mich absolut unbefriedigend.	0	1
Ich erwarte von anderen, dass sie immer ihr Bestes geben.	0	1
Man kann alles perfekt machen, man muss sich nur anstrengen.	0	1
Nichts ist mir peinlicher, als einen Fehler zu machen.	0	1
Jeder sollte sich offen eingestehen, was er noch besser machen kann.	0	1
Gut ist mir noch lange nicht gut genug.	0	1

6 – 8 Punkte: Perfektionismus-Entwarnung!
Sie haben das Motto: »Gut ist besser als perfekt!« verinnerlicht und tappen selten in die Perfektionismus-Falle.

3 – 5 Punkte: Perfektionismus-Gefahr!
Sie achten sehr darauf, alles, was Sie tun, ganz besonders gut zu machen. Sie lassen nur ungern auch mal alle fünf gerade sein, sind aber klug genug, es im Notfall doch zu tun. Und: Vielleicht sollten Sie das ja einfach öfter einmal machen?

0 – 2 Punkte: Akute Perfektionismus-Gefahr!
Bei Ihnen muss alles perfekt sein, sonst sind Sie einfach nicht zufrieden mit sich und der Welt. Aber: Lohnt sich das auch wirklich für Sie?

Wie sieht es bei Ihnen aus in Sachen Perfektionismus? Machen Sie sich klar: Perfektion ist nicht alles. Setzen Sie sich und andere nicht unnötig unter Perfektionismus-Druck.

Weniger Perfektionismus – mehr Zeit

Mehr Perfektionismus und mehr Einsatz bringen nicht automatisch mehr Anerkennung und Erfolg, vor allem, wenn auch völlig nebensächliche Dinge mit höchstem Einsatz und höchster Perfektion erledigt werden. Also: Nehmen Sie sich Zeit, um Wichtiges von Unwichtigem zu unterscheiden. Achten Sie darauf, dass Aufwand und Nutzen in einem guten Verhältnis stehen.

> »Nur große Menschen können große Fehler machen.«
>
> *François de La Rochefoucauld*

Qualitäts-Standards festlegen

Handeln Sie nicht nach dem Schwarz-Weiß-Prinzip: »Entweder perfekt oder gar nicht!« Bringen Sie Farbe in Ihre Arbeit. Überlegen Sie bei jeder Tätigkeit, welchen Qualitätsstandard sie erfüllen muss. Unterteilen Sie Ihre Aufgaben nach dem *Ampelprinzip* in drei Kategorien – Rot-Gelb-Grün:

- Rot steht für Tätigkeiten, die *perfekt* gemacht werden müssen. Dies gilt beispielsweise für alles, was mit Fakten, Zahlen oder Daten zu tun hat, wie etwa Ihre Kassenabrechnung, die auf den Cent genau stimmen muss.
- Gelb sind alle Arbeiten, die *gut*, aber nicht perfekt zu erledigen sind. Dazu gehört beispielsweise die Bürokorrespondenz. Geschäftsbriefe müssen fehlerfrei, aber keine stilistischen Meisterwerke sein.
- Grün kennzeichnet alle Tätigkeiten, die Sie *anderen* übertragen können.

Mein Tipp: Legen Sie die Messlatte nicht zu hoch. Weder bei sich noch bei anderen. Stoßen Sie Menschen nicht vor den Kopf, nur weil sie nicht so perfekt sind wie Sie. Akzeptieren Sie die Qualitätsstandards anderer. *Es genügt, wenn jemand eine Aufgabe gut erledigt.*

Lassen Sie dem Perfektionismus keine Chance. Nehmen Sie gewisse Toleranzen in Kauf, allerdings nur, wenn diese nicht Fakten, Zahlen oder Daten betreffen.

Unperfekt sein

Tun Sie jeden Tag etwas ganz bewusst unperfekt. Keine Sorge: Sie müssen nicht gleich schlampig werden. Aber Sie können Ihren Perfektionismus gezielt bremsen. Räumen Sie zum Beispiel einmal ganz schnell Ihren Schreibtisch auf – ohne jeden einzelnen Stift gerade zu rücken.

Suchen Sie sich zudem *unperfekte Vorbilder*. Selbst die erfolgreichsten Menschen sind nicht perfekt: Die meisten Ideen des Erfinders Thomas A. Edison haben niemals funktioniert, und mancher Spitzensportler begann seine Laufbahn gleich mit einer herben Niederlage.

Fehler als Chance sehen

»Unsere Fehler sind lehrreicher als unsere Erfolge«, wusste schon Albert Schweitzer. Jeder macht Fehler – der Erfolglose ebenso wie der Erfolgreiche. Der Unterschied: *Erfolgreiche Menschen lernen aus ihren Fehlern.* Deshalb ist es auch falsch, immer nur den Erfolg zu betrachten.

Jede große Niederlage birgt den Keim eines noch größeren Erfolgs in sich. Denken Sie nur an den berühmten Börsen-Guru André Kostolany. Immer wieder verspekulierte er sich und musste herbe finanzielle Verluste wegstecken. Mehrmals stand er kurz vor dem Ruin. Doch: Er lernte aus seinen Fehlern und war schließlich erfolgreicher als je zuvor. Denn: Wo keine Fehler gemacht werden, gibt es keinen Fortschritt, keine Innovation – nur Stillstand!

3. Ganz schön bequem: Das kleine Faultier

Endlich seine Ziele in die Tat umsetzen, endlich bewusst und selbstverantwortlich mit seiner Zeit umgehen, endlich sein Leben in Balance bringen: Manchmal könnte uns ein wenig mehr Perfektionismus sicher gar nicht schaden. Doch häufig schaffen wir es nicht, uns aufzuraffen und die Dinge anzupacken.

Eigentlich kommen wir ja ganz gut mit unserer Zeit zurecht, die paar Überstunden jede Woche stören nicht wirklich und aus dem bisschen Stress sollte man kein Drama machen. Kommt Ihnen das auch bekannt vor? Dann war wieder einmal Ihr *inneres kleines Faultier* (IKF) am Werk. Dieser kleine Saboteur, der uns davon abhält, dass wir endlich selbstverantwortlich mit unserer Zeit umgehen und unser Leben in Balance bringen. Ganz still und leise sorgt er dafür, dass alles so bleibt, wie es war.

Das kleine Faultier manipuliert Sie mit einfachen, aber wirkungsvollen Ausreden wie:

- »Das ist doch gar nicht wichtig!«
- »Das bringt ja doch nichts!«
- »Das ist ja viel zu anstrengend für dich!«
- »Das haben wir doch schon immer so gemacht!«

Nichts hasst das kleine Faultier so sehr wie *Veränderungen*. Alles soll so bleiben, wie es immer war. Denn das ist doch wunderbar bequem:

- Warum sich die Mühe machen und über Zeitmanagement nachdenken?
- Wozu plötzlich seinen Umgang mit der Zeit verändern?
- Weshalb bewusst mit seiner Zeit umgehen?
- Warum neue Ziele anstreben?
- Wieso Zeitpläne erstellen?
- Wozu Prioritäten setzen?

Gekonnt faul sein

Manchmal ist unser kleines Faultier fast perfekt. Es konzentriert sich strikt auf das Wesentliche. Das Wesentliche ist in diesem Fall: Faulsein, Müßiggang, einfach nichts tun. Das sind alles wunderbare Dinge in unserer hektischen Zeit, denn: Nur wer die richtige Dosis Faulheit in sein Leben integriert, findet Zufriedenheit, Kreativität und Glück.

Wir brauchen Minuten-Faulheit und Muße-Einheiten, um dem Gefängnis hektischer Betriebsamkeit zu entfliehen. So laden wir unsere Batterien wieder auf, finden Sinn und können dann wieder mit voller Kraft in emsige Geschäftigkeit verfallen – ohne auszubrennen.

Doch immer nur faul sein, das kann auf Dauer ganz schön langweilig werden. Das frustriert. Alles hat seine Zeit. Manchmal muss man sein inneres kleines Faultier zähmen, um zum Wesentlichen zu gelangen. Der Schlüssel für ein erfülltes Leben liegt in der ausgewogenen Balance zwischen Muss und Muße, zwischen Beruf und Freizeit, zwischen Anspannung und Entspannung, zwischen Arbeit und Faulsein.

Hauptsache bequem

Eigentlich meint es Ihr kleines Faultier nur gut mit Ihnen. Es möchte Ihnen die Mühen ersparen, die Veränderungen nun einmal erfordern. Schließlich gibt es ja keine Garantie, dass anders tatsächlich auch besser ist!

> »Das Glück deines Lebens hängt von der Beschaffenheit deiner Gedanken ab.«
> *Marc Aurel*

Leider lebt unser kleines Faultier nur für den *Augenblick*. Es achtet peinlich genau darauf, dass Sie nur die Dinge tun, die jetzt und hier am bequemsten für Sie sind. Auf lange Sicht jedoch fügt es Ihnen so allerdings *großen Schaden* zu. Es sorgt dafür, dass Sie sich nicht aus dem hektischen Karussell Ihrer täglichen Verpflichtungen befreien können. Die Zeit rast Ihnen einfach so davon. Die Folgen: Zeitdruck und permanente Überforderung.

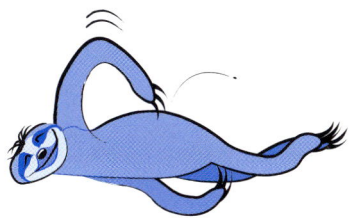

Sie können auch anders!

Lassen Sie sich nicht von Ihrem kleinen Faultier einlullen. Haben Sie Mut, und verlassen Sie eingefahrene Gleise. Entscheiden Sie sich für einen neuen Umgang mit Ihrer Zeit, für ein *Leben in Balance*. Weisen Sie Ihr kleines Faultier in seine Schranken. Helfen kann Ihnen hierbei das vierstufige Anti-Faultier-Programm:

- Bilanz ziehen
- Ziele setzen
- Faultier zähmen
- Erfolge genießen

Bilanz ziehen

Stürzen Sie sich nicht blindlings in den Kampf mit Ihrem kleinen Faultier. Es ist ein äußerst kluges Kerlchen. Je mehr Sie es bekämpfen, desto hinterlistiger wird es. Nehmen Sie Ihre *vier Lebensbereiche* »Beruf«, »Familie und Freunde«, »Körper und Gesundheit« sowie »Sinn und Werte« genau unter die Lupe. Ziehen Sie Bilanz, und finden Sie heraus, wo und wann Ihr kleines Faultier besonders oft und gerne zuschlägt.

Ziele setzen

Jeder Wechsel braucht Ziele. Wer kein klares Ziel vor Augen hat, der wird auch nichts verändern. Haben Sie herausgefunden, wo Ihr kleines Faultier Sie ganz besonders manipuliert? Dann sollten Sie sich gleich an die Arbeit machen: Nehmen Sie Stift und Papier, und schreiben Sie auf, was Sie in Zukunft ändern wollen. Wie Sie bewusster mit Ihrer Zeit umgehen wollen. Wie Sie Ihr *Leben in Balance* bringen.

Faultier zähmen

Zugegeben, aller Anfang ist schwer, besonders wenn man es mit so einem raffinierten Gegenüber wie dem kleinen Faultier zu tun hat. Beginnen Sie mit der Verwirklichung Ihrer guten Zeit-Vorsätze auch dann, wenn Sie eigentlich keine Lust dazu haben. *Aktion bewirkt Motivation.* Fangen Sie also auf jeden Fall an. Aber nehmen Sie sich *nicht zu viel auf einmal* vor, bleiben Sie dafür lieber *konsequent* am Ball:

- Lassen Sie sich nicht von *Rückschlägen* entmutigen. Es wird Tage und auch die eine oder andere Woche geben, wo Sie sich nur wenig um Ihre Familie oder um Freunde kümmern können, Ihr Hobby zu kurz kommt und Sie keine Zeit für Muße haben. Geben Sie nicht auf, betrachten Sie Misserfolge lediglich als Zwischenergebnis, das man jederzeit korrigieren kann.

- Besonders gerne manipuliert Sie Ihr kleines Faultier, indem es Ihnen weismacht, dass Sie ja überhaupt nichts dafür können, wenn Sie wieder einmal zu spät kommen oder wichtige Unterlagen in dem Chaos auf Ihrem Schreibtisch verschollen sind. Es ist ein wahrer Meister darin, für alles und jeden den geeigneten *Sündenbock* zu finden. Lassen Sie sich nicht von ihm an der Nase herumführen. Wenn etwas schiefläuft, liegt das sicher nicht an irgendwelchen widrigen Umständen. Lernen Sie aus Ihren Fehlern, und versuchen Sie einfach, es beim nächsten Mal besser zu machen.

- Wenn Sie doch einmal kurz davor sind, *resigniert* die Segel zu streichen, dann sollten Sie sich vorstellen, wie stolz und zufrieden Sie sein werden, wenn Sie es geschafft haben, Zeit für das Wesentliche zu gewinnen. Halten Sie sich vor Augen, wie gut es Ihnen tun wird, weniger Stress und mehr Zeit für das, was Ihnen wichtig ist, zu haben.

- Und falls Ihr kleines Faultier einmal so richtig bockt, dann geben Sie nach. Flüstern Sie ihm zu: »Okay, du musst gar nichts. Es ist absolut in Ordnung, wenn du jetzt einfach nur faul bist!« Legen Sie Ihre Lieblings-CD auf oder machen einen kleinen Spaziergang und tanken Sauerstoff. Nehmen Sie sich einfach eine *kleine Auszeit*. Und dann gehen Sie es noch einmal an – mit neuem Schwung, ganz locker und unverkrampft.

Erfolge genießen

Mit der richtigen Taktik ist es eigentlich gar nicht so schwer, das kleine Faultier zu zähmen. Immer, wenn Sie einen guten Schritt auf dem Weg zum Wesentlichen vorangekommen sind, dann feiern Sie sich und Ihre Erfolge!

Sparen Sie nicht mit Lob für sich selbst. Genießen Sie Ihren Erfolg, und vergessen Sie auf gar keinen Fall, sich dafür zu *belohnen*. Das würde Ihnen Ihr kleines Faultier sehr übel nehmen.

Keine faulen Ausreden

Achtung: Mit diesen einfachen, aber höchst verlockenden Ausreden versucht Ihr inneres kleines Faultier (IKF), Sie zu manipulieren.

Also: Geben Sie den faulen Ausreden Ihres kleinen Faultieres keine Chance. Setzen Sie ihm schlagkräftige Argumente entgegen.

»Deine Zeit in den Griff bekommen? Das schaffst du ja doch nicht!«

»Ich habe schon ganz andere Dinge geschafft!«

»Zeit für das Wesentliche gewinnen? Das kann doch kein Mensch auf Dauer!«

»Ich will sehen, ob ich es nicht doch kann!«

»Sport machen, jeden Tag ins Fitness-Studio – da wirst du dich aber blamieren!«

»Ich werde mich nicht blamieren. Die anderen werden meinen Willen bewundern!«

»Diszipliniert mit Deiner Zeit umgehen? Das ist viel zu anstrengend!«

»Die Mühe wird sich lohnen!«

»Das noch alles erledigen? Dazu bist du viel zu müde!«

»Wenn ich meine Müdigkeit erst überwunden habe, geht es wie von selbst!«

»Warte lieber erst mal ab!«

»Ich will nicht länger warten. Ich mache das jetzt!«

»Das ist nicht so eilig. Das kannst du auch später noch erledigen!«

»Wenn ich es jetzt gleich mache, dann habe ich es hinter mir!«

»Dazu hast du überhaupt keine Zeit!«

»Das ist wichtig. Dafür muss ich mir einfach die Zeit nehmen!«

Freunde fürs Leben

Es hat keinen Sinn, sich sein eigenes kleines Faultier zum Feind zu machen. Je mehr Sie es unter Druck setzen, desto stärker wütet es. Gehen Sie also nicht zu hart mit ihm ins Gericht. Verärgern Sie es nicht mit Bestrafungen. Motivieren Sie es, und sorgen Sie dafür, dass es Ihr bester Freund wird. Gemeinsam können Sie einfach mehr erreichen. Gemeinsam können Sie den Weg zum Wesentlichen finden. Denn manchmal ist es richtig wohltuend, auf sein kleines Faultier zu hören. Es ist ein Künstler im *Nichtstun und Faulenzen*. Genießen Sie es in diesen ganz besonderen Momenten an Ihrer Seite. Nur so finden Sie das richtige Verhältnis zwischen Anspannung und Entspannung – beides ist nötig, um Ihr *Leben in Balance* zu bringen.

DRITTER TEIL

Mehr Zeit für das Un-Wesentliche?

Leben ist mehr als nur Arbeit! Viele von uns scheinen das auf ihrer täglichen Hetzjagd nach Erfolg jedoch völlig vergessen zu haben. Die Arbeit wird mehr und mehr, doch die Zeit, um das alles zu schaffen, immer weniger.

Immer in Bewegung – immer auf Hochtouren: *Chronischer Zeitmangel* ist das Statussymbol unserer Last-Minute-Gesellschaft, und wir glauben, alles erreichen zu können, wenn wir nur immer weiter beschleunigen.

Sicher, wir Menschen lieben Geschwindigkeit – im Auto, auf dem Motorrad, auf der Skipiste oder in der Achterbahn. Doch wenn der Geschwindigkeitsrausch unser Leben komplett bestimmt, rasen wir irgendwann ungebremst in den Abgrund.

Für eine schnelle Karriere ruinieren wir unsere Gesundheit und setzen unsere privaten Beziehungen leichtfertig aufs Spiel. Beruf und Privatleben konkurrieren gnadenlos um jede Minute unserer Zeit.

Wir unterwerfen unsere Zeit, unser Leben einem strengen Korsett aus Sekunden, Minuten, Stunden. Nichts als hektische Zahlen. Muss das wirklich so sein? Gönnen Sie sich den Luxus Zeit! Lebensqualität statt Zeitnot. *Work-Life-Balance statt Burn-out!*

Kapitel 8
Trotz Stress in Balance

»Ich bin total im Stress!« Ganz ehrlich: Wie oft haben Sie diese Worte in letzter Zeit gebraucht? *Stress* ist zum Dauerbrenner in unserer Gesellschaft geworden, und *Burn-out* ist schon lange keine typische Managerkrankheit mehr. Job und Privates werden zu einem täglichen Balance-Akt auf dem Hochseil.

Immer mehr, immer schneller, immer besser – unser Leben findet auf der *Überholspur* statt. Einen wichtigen Termin vorbereiten, die Kinder von der Schule abholen, Diskussionen mit den Kollegen, Stau auf der Autobahn. Und das alles in der Regel auch noch gleichzeitig, begleitet von einem chronisch schlechten Gewissen, irgendetwas oder irgendjemanden zu vernachlässigen.

> Wenn wir etwas tun, das uns wirklich Freude macht, dann haben Hektik und Stress keine Chance!

1. Was ist Stress?

Wann immer wir uns in einer bedrohlichen Situation befinden, reagiert unser Körper mit einem wahren Hormonfeuerwerk: Puls und Blutdruck schnellen in die Höhe, die Atmung wird schneller, das Blut schießt in die Muskeln, der Adrenalinspiegel steigt – Stress pur! In Sekundenschnelle wird eine Situation als gefährlich eingestuft und zwischen zwei Alternativen gewählt:

> »Früher hatten die Menschen Muße. Heute haben sie im besten Falle Freizeit.«
> *Johannes Mario Simmel*

Flucht oder Kampf. Stress ermöglicht uns, blitzschnell auf gefährliche Situationen zu reagieren, und ist somit eine wichtige Schutzreaktion unseres Körpers.

Allerdings kann unser Körper nicht zwischen wirklich lebensbedrohlichen Situationen und eher harmlosen Vorkommnissen unterscheiden. So geraten wir auch in Stress, wenn der Chef ärgerlich ist, der Computer streikt und das Telefon pausenlos klingelt. Prompt reagiert das Gehirn mit einer gewaltigen Hormonausschüttung, der biologische Notfallplan greift und die Stressreaktion nimmt ganz automatisch ihren Lauf – auch ohne Säbelzahntiger.

Selbst–Check: Wie gestresst sind Sie?

Wird Ihnen alles zu viel? Sind Sie nervös und vergesslich? Naschen oder rauchen Sie mehr als sonst? Kurz: Sind Sie gestresst?

Finden Sie es heraus – machen Sie den Test.

Lautet Ihre Antwort *oft*, gibt es 2 Punkte, für *manchmal* bekommen Sie 1 Punkt, für *fast nie* 0 Punkte.

Arbeit

Arbeiten Sie mehr als 40 Stunden pro Woche?	0	1	2
Wollen Sie im Job zu den Besten gehören?	0	1	2
Verlassen Sie sich am liebsten auf sich selbst?	0	1	2
Sind Sie im Job frustriert?	0	1	2
Fühlen Sie sich überlastet, überfordert?	0	1	2

Privatleben

Neigen Sie zu Angst und Sorgen?	0	1	2
Werden Sie ungeduldig mit Ihrem Partner oder Ihren Kindern, wenn Dinge zu langsam vorangehen?	0	1	2
Sind Sie unkonzentriert oder gereizt?	0	1	2
Haben Sie Probleme, abends abzuschalten?	0	1	2
Scheinen Wochenende und Urlaub zu kurz, um sich richtig zu erholen?	0	1	2

Gesundheit

Leiden Sie unter Schlafstörungen?	0	1	2
Fühlen Sie sich tagsüber müde, obwohl Sie nachts ausreichend schlafen?	0	1	2
Grübeln Sie vor dem Einschlafen darüber nach, was Sie noch alles zu tun haben?	0	1	2
Sind Sie ein Sport-Muffel?	0	1	2
Haben Sie Nacken-, Rücken- oder Kopfschmerzen?	0	1	2

Stress-Alarm oder Entwarnung? Wenn Sie Ihre Punkte addiert haben, wissen Sie mehr:

21 – 30 Punkte: Stress-Alarm!

Sie arbeiten gern und viel, sind aber zu häufig in Hektik und Zeitnot! *Therapie:* Drehzahl senken, sonst hängen Sie in der Stress-Falle! Wichtig: Lernen Sie, Nein zu sagen! Unterscheiden Sie wirklich wichtige Aufgaben von »nur« dringenden! Bewegung an frischer Luft und »Zeitinseln« für Hobbys entstressen am wirksamsten.

11 – 20 Punkte: Stress-Gefahr!

Sie lassen sich gern ablenken, schieben Unangenehmes auf. *Empfehlung:* Treffen Sie lieber Sofort-Entscheidungen, planen Sie den nächsten Tag abends schon vor! Wenn Hetze droht, ist bewusste Kurzentspannung das beste Gegenmittel: Augen schließen, tief durchatmen, in Ruhe ein Glas Wasser trinken.

0 – 10 Punkte: Stress-Entwarnung!

Sie bleiben meist gelassen, haben den Alltag im Griff, die Schwerpunkte bei der Zeiteinteilung stimmen. *Tipp:* Zum Vorbeugen sollten Sie aber mindestens drei kleine Pausen von zehn Minuten am Tag einlegen – beispielsweise einen Spaziergang in Muße oder ein Mini-Nickerchen.

Stress hat viele Seiten

Leider kann man viele Stressoren nicht einfach abschalten: Sie können Ihren Chef nicht entlassen, auf den Computer verzichten oder das Telefon abmelden. Aber das ist auch gar nicht nötig. Denn: Stress ist immer eine Frage der Bewertung und der richtigen Dosis. Zudem ist Stress nicht gleich Stress:

- Positiver Stress, *Eustress* genannt, stimuliert das Immunsystem und wirkt äußerst anregend. Er hilft uns, Herausforderungen anzunehmen, und setzt ungeahnte Kräfte frei: So kann Stress sogar Spaß machen.
- Negativer *Disstress* hingegen wirkt äußerst belastend. Wir stehen unter Druck und haben das Gefühl, an unsere Grenzen zu stoßen. Disstress führt zu ernsten Erkrankungen. Kein Wunder, dass die WHO, die Weltgesundheitsorganisation, Stress zur größten Gesundheitsgefahr für das 21. Jahrhundert erklärt hat.

Natürlich machen uns berufliche und private Herausforderungen nicht per se krank. Doch sie werden zu einem ernsthaften Problem, wenn sie in *Dauerstress* münden. Dann bringen uns selbst Kleinigkeiten völlig aus der Fassung. Wir fühlen uns ständig überfordert, und schon bald sind wir in einer gefährlichen *Stress-Spirale* gefangen, in der Stress immer neuen Stress verursacht.

Kennen Sie das Wundermittel gegen Stress und Überforderung? Ganz einfach: Lachen!

Nichts geht mehr!

Stress darf keinesfalls zum Dauerzustand werden. Körper und Geist müssen die Chance haben, auch *wieder zur Ruhe* zu kommen. Egal, ob es sich um den Beruf oder das Privatleben handelt, nur ein ausgewogenes Maß zwischen Anspannung und Entspannung bildet langfristig die Grundlage für optimale Leistungen und persönliches Wohlbefinden.

Grundsätzlich gilt: Je größer der Stress, desto wichtiger ist die anschließende Entspannung. Lassen Sie also nicht zu, dass Stress die Oberhand in Ihrem Leben gewinnt, denn sonst droht das berühmt-berüchtigte *Burn-out-Syndrom.*

Achtung: Burn-out!

Immer mehr Menschen klagen über Stress: Stress im Job, Stress in der Familie, ja sogar Stress in der Freizeit. Experten schätzen, dass mittlerweile 10 bis 15 Prozent aller Berufstätigen unter dem Burn-out-Syndrom leiden.

Gerade in unseren wirtschaftlich schwierigen Zeiten lasten sich viele von uns wesentlich mehr auf, als sie bewältigen können. Besonders hoch motivierte und auf Perfektion bedachte Menschen riskieren, Opfer ihres – oftmals hausgemachten – Stresses zu werden: Denn ausbrennen kann nur, wer auch brennt. Ausbrennen können nur engagierte Menschen. Sie sind so auf ihre Arbeit fixiert, dass sie nur noch ihren Job, ihre Aufgaben und Pflichten sehen. Sie haben keine Zeit mehr für Familie, Hobbys, Entspannung, Ablenkung und Lebensfreude. Doch irgendwann ist der Akku leer, das Feuer erlischt – nichts geht mehr!

Ausgebrannt ist man nicht von heute auf morgen – die Erschöpfung schleicht sich ganz langsam ins Leben. Eine klassische Burn-out-Karriere durchläuft mehrere Phasen: Am Anfang stehen immer überdurchschnittliches Engagement, große Begeisterung und das Gefühl, alle Anforderungen spielend zu meistern. Doch langsam schwindet der Idealismus. Misserfolge müssen verkraftet werden. Frust macht sich breit. Man kann nicht mehr abschalten. Alles wird zur Last – selbst Familie und Freunde. Das Leistungsvermögen lässt drastisch nach. Die Folge: Depressionen und körperliche Beschwerden. Ein Teufelskreis, der nur schwer zu durchbrechen ist.

Hoffen Sie nicht, dass der Stress von alleine wieder nachlässt. Beginnen Sie mit konsequentem Stressmanagement. Erstellen Sie Ihr persönliches *Anti-Stress-Programm*:

- Finden Sie heraus, was bei Ihnen Stress verursacht.
- Vermeiden Sie überflüssigen Stress.
- Versuchen Sie, Stress aktiv abzubauen und auszugleichen.

2. Stressprobleme lösen

Stress ist eine höchst individuelle Angelegenheit: Für den einen ist es eine Auszeichnung, dass ausgerechnet er die Firmentagung als Hauptredner eröffnen darf. Für den anderen ist genau das der blanke Horror. Deshalb ist es wichtig, dass Sie herausfinden, wer oder was bei Ihnen persönlich Stress verursacht.

Burn-out-Syndrom

Zwölf Stufen bis zur völligen Erschöpfung (1–12)

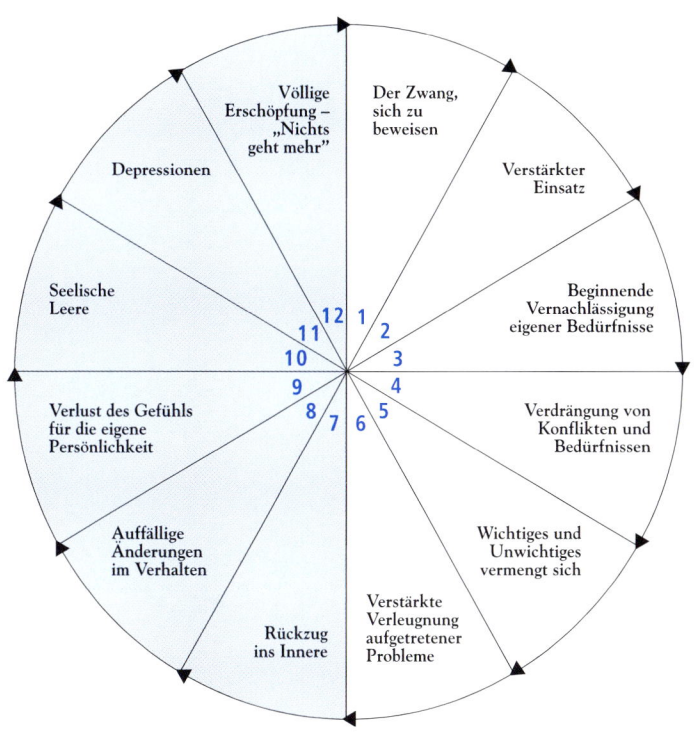

Der Zwang, sich zu beweisen

Verstärkter Einsatz

Beginnende Vernachlässigung eigener Bedürfnisse

Verdrängung von Konflikten und Bedürfnissen

Wichtiges und Unwichtiges vermengt sich

Verstärkte Verleugnung aufgetretener Probleme

Rückzug ins Innere

Auffällige Änderungen im Verhalten

Verlust des Gefühls für die eigene Persönlichkeit

Seelische Leere

Depressionen

Völlige Erschöpfung – „Nichts geht mehr"

12 1 2 3 4 5 6 7 8 9 10 11

Vorsicht ab Stufe 7:

Hilfe wird nötig!

(Quelle: Dr. Vinzenz Mansmann, NaturaMed Vitalclinic, Bad Waldsee, www.NaturaMed.de)

Dem Stress auf der Spur

Stress ist meist die Summe vieler, völlig unterschiedlicher Faktoren. Verschaffen Sie sich einen Überblick und erstellen Sie Ihr persönliches Stress-Diagramm: Schreiben Sie das Wort »STRESS« in Riesenlettern mitten auf ein großes Blatt. Notieren Sie dann alles, was Sie stresst. Die stressigsten Dinge kommen in die Mitte, die weniger stressigen an den Rand. Überarbeiten Sie Ihr Stress-Diagramm regelmäßig. So bekommen Sie einen guten Überblick, ob und wo Sie Fortschritte im Kampf gegen den Stress verbuchen können.

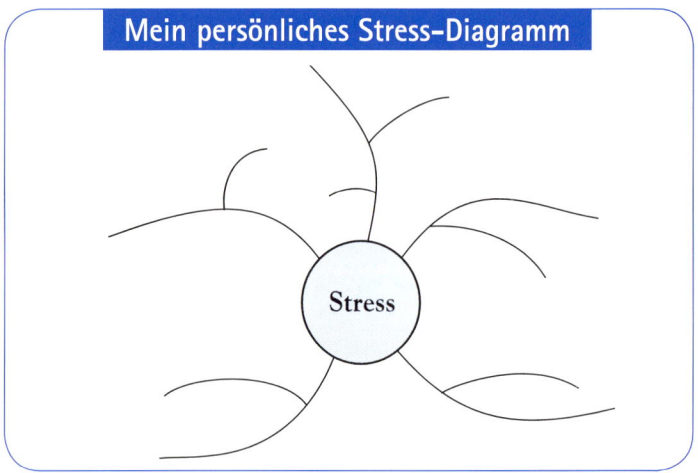

Mein persönliches Stress-Diagramm

Stress

Gelassen gegen Stress

Sicher kennen auch Sie Menschen, die scheinbar nie gestresst sind. Diese Menschen haben erkannt: Das beste Mittel gegen Stress ist eine gehörige Portion Gelassenheit.

Selbst-Check: Sind Sie gelassen?

Fels in der Brandung oder hochexplosives Stehauf-Männchen?
Machen Sie doch einfach folgenden Test:

Sind Sie immer bemüht, es allen recht zu machen? Ja ❏ Nein ❏

Sind Sie der Meinung, dass das Arbeitspensum,
das Sie zu bewältigen haben, immer weiter steigt? Ja ❏ Nein ❏

Fühlen Sie sich oft gestresst, überlastet? Ja ❏ Nein ❏

Arbeiten Sie mehr als 40 Stunden pro Woche? Ja ❏ Nein ❏

Sind Sie oft ungeduldig, weil Ihnen alles zu langsam
vorangeht? Ja ❏ Nein ❏

Achten Sie peinlich genau darauf, dass nichts Unnötiges
auf Ihrem Schreibtisch herumliegt? Ja ❏ Nein ❏

Gehen Ihnen andere oft ganz furchtbar auf die
Nerven? Ja ❏ Nein ❏

Gehören Äußerungen wie »Das macht mich
wahnsinnig!« oder »Ich raste gleich aus!«
zu Ihrem Grundwortschatz? Ja ❏ Nein ❏

Gelassenheit siegt: Geben Sie sich für jede Frage, die Sie mit »Ja« beantwortet haben, 1 Punkt und addieren Sie Ihre gesammelten Punkte.

6 – 8 Punkte:
Gelassenheit zählt wahrlich nicht zu Ihren Stärken. Sie stehen ständig unter Strom und machen es sich und Ihren Mitmenschen mit Ihrer aufbrausenden Art nicht gerade leicht. Also: Öfter mal tief durchatmen und schnell wieder runter von der Palme.

3 – 5 Punkte:
Etwas mehr Gelassenheit würde Ihnen sicher gut tun. Manchmal machen Sie sich das Leben selbst schwer. Doch: Schon mit ein paar kleinen Änderungen können Sie zu wesentlich mehr Gelassenheit und Lebensqualität finden.

2 – 0 Punkte:
Gratulation! Sie sind wirklich ein Fels in der Brandung, den so leicht nichts aus der Ruhe bringt.

Eine Frage der Einstellung

Und? Wie ist Ihr Testergebnis ausgefallen? Könnten auch Sie ein bisschen mehr Gelassenheit gut gebrauchen? Keine Sorge. Auch in turbulenten Zeiten gelassen zu bleiben ist zwar eine echte Herausforderung, aber keine unlösbare Aufgabe. Gelassenheit ist im Wesentlichen eine Frage der Einstellung. Und das Beste: Diese Einstellung kann man lernen. Gelassenheit ist die ganz bewusste Entscheidung, die Herausforderungen des Lebens anzunehmen und die Dinge mit einer gehörigen Portion Optimismus und Zuversicht anzugehen. Wer gelassen ist, weiß, dass es nichts bringt, sich aufzuregen. Denn: Es gibt immer *drei Möglichkeiten*, wie wir gelassen mit unerfreulichen Situationen umgehen können:

- Leave it!
- Change it!
- Love it!

Leave it!

Wenn eine Situation höchst unerfreulich ist, sollte man schnellstmöglich auf Distanz gehen. Nehmen wir einmal an, Sie haben sich darauf gefreut, Ihre Lieblingsfußball-Mannschaft live im Stadion zu erleben. Doch dann regnet es in Strömen und Ihr Verein liegt schon Mitte der ersten Halbzeit drei zu null hinten. Was tun? Ganz einfach: *Nicht aufregen!* Sie müssen sich das ja nicht antun. Bleiben Sie gelassen und gehen Sie. Gönnen Sie stattdessen einen Kinobesuch oder ein gutes Glas Wein bei Ihrem Lieblings-Italiener.

Change it!

Läuft etwas absolut nicht so, wie Sie sich das vorstellen, dann sollten Sie versuchen, die *Situation in Ihrem Sinne zu ändern.* Nervt es Sie, dass Sie sich nicht in aller Ruhe auf das Wochenende einstimmen können, weil Ihr Samstagvormittag für den obligatorischen Wocheneinkauf reserviert ist? Dann versuchen Sie zukünftig, Ihre Einkäufe in aller Ruhe am Freitagnachmittag zu erledigen.

> »Gelassenheit gewinnt man nur in der Besinnung auf das Wesentliche.«
>
> *Georg Moser*

Love it!

Wenn beide oben genannten Optionen nicht zu verwirklichen sind, dann haben Sie immer noch eine dritte Möglichkeit: Love it! Ist etwas nicht so, wie Sie es gerne hätten, können Sie es dennoch *akzeptieren, wie es nun einmal ist.* Denn: Es gibt viele Dinge, die wir einfach nicht beeinflussen können, etwa das schlechte Wetter. Aufregen bringt hier rein gar nichts. Wie wäre es stattdessen mit einem schönen Hörbuch? So vergeht die miese Stimmung viel schneller, und die Gelassenheit kommt fast von selbst.

Sie haben die Wahl!

Leave it!, Change it! oder Love it! Sie müssen sich entscheiden. Keine Entscheidung zu treffen und sich sinnlos aufzuregen bringt nichts! Wann immer Sie etwas verändern können, tun Sie es! Denn: Gelassenheit hat ganz und gar nichts mit Lethargie, Stillstand oder Gleichgültigkeit zu tun. Aber: Bleiben Sie gelassen, wenn Sie einmal nichts tun können. Konzentrieren Sie sich nicht auf das, was ohnehin nicht zu ändern ist, wenden Sie sich lieber den Dingen zu, die Sie verändern können. *Gelassenheit ist ein Geschenk* – ein Geschenk, das wir uns immer wieder selbst machen sollten.

Weniger Stress in 3 Schritten

Bleiben Sie gelassen! Lassen Sie es nicht so weit kommen, dass Stress Ihr Leben beherrscht, dass Ihre Akkus komplett leer werden. Verdrängen Sie Ihren Stress nicht, sondern stellen Sie sich ihm bewusst. Hier kann Ihnen mein dreistufiges *Notfall-Programm* sicher eine wertvolle Hilfe sein:

1. Fragen gegen Stress

Wann immer Sie merken, dass Sie sich in einer Stresssituation befinden und Ihre innere Ruhe verlieren, sollten Sie sich folgende Fragen stellen:

- Was genau macht mir momentan Stress?

  _____

- Was könnte im schlimmsten Fall passieren?

  _____

- Wie wahrscheinlich ist es, dass es zum »worst case« kommt?

- Was kann ich tun, um die Situation wieder in den Griff zu bekommen?

Halten Sie diese *vier Anti-Stress-Fragen immer griffbereit*. Die Fragen helfen Ihnen, die Dinge objektiv zu beurteilen und sich nicht einfach vom Stress mitreißen zu lassen. So nehmen Sie sich den Druck und können gelassen abwarten, wie sich die Dinge entwickeln.

2. Abstand halten

Wenn der Stress Sie zu überwältigen droht, dann gehen Sie klar auf Distanz. Versetzen Sie sich in die *Lage eines distanzierten Beobachters* und überlegen Sie, was Sie einer anderen Person in Ihrer Lage raten würden. Oder stellen Sie sich vor, Sie würden sich selbst auf einer Theaterbühne beobachten. Wäre die Meinungsverschiedenheit mit dem Vorgesetzten oder der Streit mit Ihrem Partner dann immer noch so dramatisch? Viele Dinge verlieren durch Abstand an Bedeutung, und alles ist nur noch halb so schlimm.

3. In die Zukunft blicken

Stress lebt vom Augenblick. Er füllt uns ganz und gar aus, beherrscht alles. Daher ist es wichtig, dass wir unsere Panik bewusst unterbrechen. Ein Blick in die Zukunft ist hier oft sehr hilfreich. Schauen Sie nach vorne und fragen Sie sich:

- Ist das, was mir momentan so viel Kopfzerbrechen bereitet, in einem Monat oder in einem Jahr noch wichtig für mich?

  _____

- Und: Wie sieht es gar in fünf oder zehn Jahren aus?

  _____

Vieles verliert seinen Schrecken, wenn wir feststellen, dass es für unsere Zukunft absolut bedeutungslos ist. Und manches, das zunächst wie eine Katastrophe erscheint, erweist sich im Nachhinein als echter Glücksfall. Wer kann heute schon sagen, wozu etwas morgen letztlich doch gut ist.

Tun Sie etwas gegen den täglichen Stress, und steuern Sie mit einem gezielten *Anti-Stress-Programm* gegen ihn an, damit das Leben wieder Spaß macht und Stress das bleibt, was er eigentlich sein soll: ein sinnvolles Notfallprogramm für außergewöhnliche Belastungen.

Nicht nur Stress macht krank!

Alle reden von Stress und Burn-out. Dabei fühlen viele Menschen sich in ihren Jobs gelangweilt und unterfordert. Die Folge: Der *Bore-out* greift um sich. Diese neue Berufskrankheit wird durch stupide Tätigkeiten, lähmende Routinen und Unterforderung verursacht. Wenn auch Ihre Arbeit eintönig und langweilig ist, sollten Sie bewusst etwas dagegen tun. Bemühen Sie sich um neue Herausforderungen und Projekte. Und: Versuchen Sie, Abwechslung in die täglichen Arbeitsabläufe zu bringen.

Kapitel 9
Werden Sie Optimist!

Ist das Glas für Sie halb voll oder halb leer? Sicher kennen Sie dieses Beispiel, um den Unterschied zwischen einem Optimisten und einem Pessimisten zu verdeutlichen? Und wie lautet Ihre Antwort? »Halb voll natürlich!« Sehr schön! Aber glauben Sie das wirklich, oder zählen Sie sich eher zu den Realisten, die die Dinge eben so sehen, wie sie sind? Also eher selten rosarot. Optimismus verändert unser Denken und Handeln. Wer die großen und kleinen Herausforderungen des Alltags mit

> »Der Optimist erklärt, dass wir in der besten aller möglichen Welten leben, und der Pessimist fürchtet, dass dies wahr ist.«
> *James B. Cabell*

Zuversicht angeht, der macht sich das Leben leichter. Optimisten orientieren sich an Lösungen, nicht an Widerständen, und interpretieren Rückschläge nicht als Vorboten des Scheiterns, sondern verfolgen ihre Ziele mutig und entschlossen.

Also: Werden auch Sie zum Optimisten. Verbannen Sie Pessimismus, schlechte Stimmung und trübe Gedanken aus Ihrem Leben. Versuchen Sie, auch wenn einmal nicht alles glatt läuft, Ihre gute Laune und Ihren Tatendrang zu bewahren.

Selbst–Check: Optimist oder Pessimist?

Finden Sie heraus, ob Sie die Dinge eher zuversichtlich angehen oder dem Leben doch mit einer gewissen Skepsis begegnen.

0 = Ja   **1 = Nein**

Denken Sie oft: »Das kann ich nicht«?	0	1
Glauben Sie, dass Ihnen viele Dinge einfach nicht liegen?	0	1
Sind Sie überzeugt, dass Sie weit mehr Schwächen als Stärken haben?	0	1
Machen Sie sich Vorwürfe, wenn Ihnen ein Fehler unterlaufen ist?	0	1
Sehen Sie häufig zuerst die Nachteile einer Sache?	0	1
Lassen Sie sich leicht entmutigen?	0	1
Denken Sie, Erfolg ist Zufall oder Glück?	0	1
Grübeln Sie viel und machen sich oft Sorgen?	0	1
Fällt es Ihnen schwer, Entscheidungen zu treffen?	0	1
Jammern Sie oft und sind schlecht gelaunt?	0	1

Optimist oder *Pessimist* – das verrät Ihnen Ihr Testergebnis:

8 – 10 Punkte: Optimismus pur!

Sie sind ein wahrer Optimist. Bei Ihnen ist das Glas wirklich immer halb voll. Versuchen Sie, andere von Ihrer positiven Lebenseinstellung profitieren zu lassen.

4 – 7 Punkte: Realistischer Optimismus!

Sie sind realistisch genug, nicht immer alles zwanghaft durch die rosarote Brille zu sehen. Aber: Sie lassen sich nicht so leicht entmutigen und gehen die Dinge im Allgemeinen sehr positiv an. Weiter so!

0 – 3 Punkte: Gebremster Optimismus!

Bei Ihnen ist das Glas fast immer halb leer. Wie schade! Versuchen Sie, nicht immer alles von der schlechtesten Seite zu sehen. Ein wenig mehr Optimismus macht das Leben gleich viel schöner.

1. Happy mit Strategie

Uns allen kann ein wenig mehr Optimismus nicht schaden. Wie aber wird man Optimist? Wie schafft man es, gerade in schwierigen Zeiten seine Zuversicht und seine gute Stimmung zu bewahren?

Optimist wird man natürlich nicht von heute auf morgen. Doch Optimismus kann man trainieren – mit den folgenden *Happy-Strategien*, die selbst hartgesottenen Pessimisten zu ein wenig mehr Zuversicht verhelfen!

Optimistisch in den Tag starten!

Viele Menschen quälen sich morgens nur mühsam aus dem Bett. Noch vor dem Aufstehen denken sie an all die Sorgen und Probleme, die vor ihnen liegen. Das ist kein guter Start. Also: *Beginnen Sie Ihren Tag optimistisch!* Überlegen Sie, worauf Sie sich ganz besonders freuen können: den Abschluss des wichtigen Projektes oder die Verabredung beim Lieblings-Italiener. Betrachten Sie jeden neuen Tag als Chance, das Beste daraus zu machen.

Beginnen Sie Ihren Tag nicht nur optimistisch, schließen Sie ihn auch so ab. *Ziehen Sie jeden Abend kurz Bilanz.* Richten Sie Ihren Blick auf all das Schöne, was Ihnen der vergangene Tag gebracht hat. Am besten, Sie halten die kleinen *Glücksmomente des Alltags* schriftlich fest. Vergessen Sie auch scheinbar selbstverständliche Dinge nicht, etwa den herrlichen Sonnenaufgang am Morgen oder das schöne Gefühl, nach einem anstrengenden Arbeitstag nach Hause zu kommen. Sie werden erstaunt sein, wie viel Schönes Sie dem Grau des Alltags entgegensetzen können.

Positive Signale senden!

Jemand schenkt Ihnen ein strahlendes Lächeln und ein paar freundliche Worte, und schon ist der Tag gerettet? Fakt ist: Schlechte Laune und Pessimismus sind höchst ansteckend.

Meiden Sie also die Gesellschaft von Pessimisten. Halten Sie sich von notorischen Zweiflern und eifrigen Propheten des Misserfolgs und Niedergangs fern. Lassen Sie sich stattdessen von der Lebensfreude, dem Humor und dem Optimismus anderer begeistern.

> »Es ist schwer, inmitten von Pessimisten ein Optimist zu sein – und genauso schwer, in einem Raum voller Optimisten Pessimist zu bleiben!«
> *Christopher Peterson*

Mein Tipp: Tun Sie selbst etwas gegen die allgegenwärtige Miesepeterei: *Werden Sie Glücksbote!* Bringen Sie jeden Tag mindestens eine gute Nachricht unter die Leute, ob im persönlichen Gespräch, am Telefon oder per E-Mail. Sie werden staunen, wie viel gute Laune so zu Ihnen zurückkommt.

Erfolge feiern!

Freuen Sie sich über alles, was Sie bereits erreicht haben. *Sammeln Sie Ihre Big Points!* Überlegen Sie: Was sind die *drei größten Erfolge*, die Sie in Ihrem Leben verbuchen können? Der Einzug ins eigene Haus? Das Sportabzeichen? Die Beförderung? Der gelungene Start in die Selbstständigkeit? Was auch immer Ihre größten Erfolge sind – feiern Sie diese Big Points wieder einmal ganz bewusst. Es motiviert ungemein, sich für das, was man geschafft hat, auch im Nachhinein noch einmal zu belohnen. Vergessen Sie nicht: Die Erfolge *der Vergangenheit* sind die Basis für das *Gelingen Ihrer Zukunft*!

Meine ganz persönlichen Big Points!

Die meisten Menschen konzentrieren sich nur auf das, was ihnen nicht gelingt. Doch: Nur, wenn wir uns klarmachen, was wir in der Vergangenheit geleistet haben, können wir optimistisch in die Zukunft blicken. Rufen Sie sich also Ihre Erfolge doch einfach wieder einmal ins Gedächtnis. Notieren Sie zu jeder Frage 3 Big Points:

Was habe ich in meinem Leben bereits alles erreicht?

☺

☺

☺

Was läuft heute mehr oder weniger von selbst?

☺

☺

☺

In welchen Bereichen habe ich keine Probleme oder Sorgen?

☺

☺

☺

Was ist in meinem Leben so gut, dass ich mich darüber freuen kann?

☺

☺

☺

Warum sind meine bisherigen Leistungen ein Indiz dafür, dass ich auch in Zukunft Erfolg haben werde?

☺

☺

☺

2. Optimistisches Zeitmanagement

Noch immer streiten sich die Experten, ob Optimismus und Pessimismus angeboren sind. Fakt ist jedoch, dass selbst eingefleischte Pessimisten ihrem Leben eine positive Wende geben können. Denn: Optimismus und Pessimismus sind oft erlernte *innere Einstellungen.* Im Laufe unseres Lebens lernen wir – aufgrund unserer Erziehung und Erfahrungen – die Welt eher positiv oder eher skeptisch zu betrachten. Unsere Sicht der Dinge ist tief in uns verwurzelt, sodass wir blitzschnell und ganz unbewusst optimistisch oder pessimistisch auf bestimmte Situationen reagieren. Der entscheidende Unterschied zwischen Optimisten und Pessimisten liegt darin, wie sie Krisen und Misserfolge beurteilen und bewältigen:

Pessimisten glauben, dass Krisen und Misserfolge

- von Dauer,
- umfassend und
- von ihnen persönlich verursacht worden sind.

Pessimisten fühlen sich *hilflos* und denken, dass sie den äußeren Umständen ausgeliefert sind. Zudem gehen sie davon aus, dass alles, was sie anpacken, geradezu zwangsläufig misslingen muss.

Optimisten sind hingegen davon überzeugt, dass Krisen und Misserfolge

- nur von kurzer Dauer,
- lediglich auf einen kleinen Bereich ihres Lebens bezogen und
- nicht von ihnen selbst, sondern von ungünstigen äußeren Umständen verursacht worden sind.

Optimisten sind überzeugt, dass sie ihr *Leben im Griff* haben. Optimisten denken in *Chancen* und Lösungen. Sie *glauben an sich* und sind sicher, dass alles, was sie tun, ein Erfolg wird.

Bange machen gilt nicht!

Optimismus hat allerdings rein gar nichts damit zu tun, alles Negative zu verleugnen oder Schwierigkeiten zu verniedlichen. Optimismus bedeutet nicht, Probleme zu verdrängen, sondern *sich Problemen zu stellen.*

Gerade, wenn Probleme auftauchen, neigen wir dazu, alles viel zu schwarz zu sehen. Indem wir uns das Schlimmste in schillernden Farben ausmalen, versuchen wir, uns vor etwaigen Enttäuschungen zu schützen.

Dieser »Zweckpessimismus« lähmt! Wer überzeugt ist, dass etwas unmöglich ist, wird es tatsächlich nicht schaffen. Ja, oft beschwören wir unser Unglück durch Pessimismus und Katastrophendenken geradezu herauf.

> »Langfristig mag der Pessimist Recht bekommen, aber der Optimist hat bis dahin die vergnüglichere Reise.«
> *Daniel Reardon*

Mein Tipp: Drehen Sie den Spieß doch einfach einmal um. Stellen Sie sich vor, dass alles perfekt läuft. Genauso, wie sich negative Vorstellungen erfüllen, werden auch *positive Gedanken oft Wirklichkeit.* Hoffnung bewirkt weit mehr als Angst!

Übrigens wirkt selbst Optimismus, der nicht auf Tatsachen beruht, positiv. Dies belegen medizinische Studien. Forschungen mit Kranken haben gezeigt: Allein der Glaube, dass es ihnen bald wieder besser gehen würde, beschleunigte die Genesung.

Natürlich sollten Sie jetzt nicht gleich bei der nächsten schwereren Grippe alle Medikamente durch eine gehörige Portion Optimismus ersetzen, doch: Positive Gedanken fördern Ihre Genesung garantiert!

Möglichkeiten entdecken!

Egal, ob neuer Job, Umzug oder Diät – immer, wenn wir etwas Neues in Angriff nehmen, fallen uns unzählige Gründe ein, warum das Ganze ja doch nichts werden kann. Was aber, wenn wir nach unseren Chancen und Möglichkeiten gefragt werden? Könnten wir dann auch so viele Punkte anführen? Eher nicht! Doch je klarer wir unsere Chancen und Möglichkeiten sehen, desto größer ist unser Optimismus. Nehmen Sie sich deshalb bei all Ihren Plänen und Projekten ausreichend Zeit, um Ihre Chancen in Ruhe zu überdenken. Erstellen Sie eine detaillierte *Liste Ihrer Möglichkeiten.* Fragen Sie sich:

- Welche Möglichkeiten habe ich, meine Ziele zu erreichen?
- Welche meiner Möglichkeiten schöpfe ich bislang nur unzureichend aus?

- Welche vergleichbaren Aufgaben habe ich in der Vergangenheit bereits erfolgreich bewältigt?
- Welche Erfolgsstrategien kann ich daraus für meine aktuellen Projekte ableiten?
- Wo stehe ich mir selbst mit meinem Pessimismus im Weg?
- Welche Hindernisse erscheinen mir größer, als sie tatsächlich sind?

Legen Sie sich eine *Ich-kann-Einstellung* zu. Vertrauen Sie auf Ihre Talente und Stärken. Lassen Sie sich von den wirklich großen Leistungen der Menschheitsgeschichte inspirieren. Ob die Entdeckung ferner Kontinente oder bahnbrechende Erfindungen – der erste Schritt führte immer in unbekanntes Nie-

---

So werden Sie Optimist!

- Bewahren Sie Ihre gute Laune und Ihren Tatendrang, auch wenn es mal nicht so gut für Sie läuft.

- Rechnen Sie nicht immer schon von vornherein mit dem Schlimmsten.

- Denken Sie in Chancen und Lösungen, nicht in Problemen und Misserfolgen.

- Stellen Sie Ihre Erfolge in den Mittelpunkt, nicht Ihre Niederlagen.

- Betrachten Sie Misserfolge als neue Herausforderung, nicht als endgültiges Versagen.

- Vertrauen Sie auf Ihre Stärken und Talente. Und: Vertrauen Sie dem Leben!

mandsland. Ohne Optimismus, Vertrauen in die eigenen Stärken und Leidenschaft hätte niemand sich an solch riskante und ehrgeizige Projekte gewagt. *Optimismus macht den Weg frei!*

> »Ein Optimist ist ein Mensch, der alles halb so schlimm oder doppelt so gut findet.«
> *Heinz Rühmann*

Niederlagen wegstecken!

Was ist also der entscheidende Unterschied zwischen Optimisten und Pessimisten? Ganz einfach – Sie gehen völlig anders mit Enttäuschungen, Fehlschlägen und persönlichen Niederlagen um.

Ein Optimist erleidet sicher mindestens ebenso oft Schiffbruch wie ein Pessimist. Doch während Pessimisten resigniert die Segel streichen, sehen *Optimisten* negative Erfahrungen als Herausforderung. Ihr Motto lautet: *»Jetzt erst recht!«* Sie geben sich eine zweite Chance und konzentrieren sich auf das, was sie in Zukunft besser machen können.

Genau das macht Optimisten so erfolgreich. Sie hadern nicht lange mit sich und dem Schicksal. Sie verlieren sich nicht in Zweifeln, Wut oder Selbstmitleid. Sie gewinnen auch unangenehmen Dingen etwas Positives ab, sodass

Die US-Versicherungsgesellschaft Metropolitan Life stellt nur Optimisten ein. Der Grund: Optimisten können 50 Prozent mehr Abschlüsse verbuchen als Pessimisten.

auch aus geringen Erfolgsaussichten echte Chancen werden.

Wir alle sollten Niederlagen als Herausforderung und Fehler als Chance sehen Denn: Optimismus bedeutet, Chancen und Herausforderungen beherzt anzunehmen, engagiert nach Lösungsmöglichkeiten zu suchen und das Vertrauen in sich und seine Fähigkeiten zu stärken. So verleiht Optimismus den nötigen Schwung und das Durchhaltevermögen, um den kleinen und großen Tücken des Lebens frohen Mutes zu begegnen.

Optimisten machen Karriere!

Optimisten finden immer einen Grund, um aus vollem Herzen zu lachen. Und das ist wunderbar. Denn: Lachen bedeutet Lebenslust und Entspannung pur. Während wir lachen, blendet unser Gehirn die Probleme des Alltags aus. Zudem ist Lachen erwiesenermaßen gesund! Es baut Stress ab, stärkt die Abwehrkräfte, senkt den Blutdruck, lindert Schmerzen und hält den Körper fit. Und: Gute Laune steigert sogar unseren beruflichen Erfolg! Lachforscher haben nämlich herausgefunden, dass fröhliche Mitarbeiter deutlich kreativer und produktiver sind!

Kapitel 10
Machen Sie Ihr Glück!

Sind Sie glücklich? Was für eine Frage in Zeiten wie diesen, wo Unzufriedenheit voll im Trend liegt und Jammern zum guten Ton gehört. Trotzdem oder gerade deswegen hat das Glück Hochkonjunktur: Glück steht ganz oben auf der Wunschliste der Deutschen, Glück macht Schlagzeilen und lässt Fernsehquoten sprunghaft in die Höhe schnellen.

Irgendwie sind wir ja auch alle auf der *Suche nach dem Glück*. Aber: Was ist Glück eigentlich? Wie wird man glücklich? Gibt es ein Patentrezept, das einem Glück garantiert? Leider nicht!

Glück ist individuell. Glück bedeutet für jeden von uns etwas völlig anderes. Jeder hat seine ganz persönliche Glücksformel.

Es ist nicht so, dass manche Leute mehr Glück haben als andere. Glückliche Menschen gehen einfach nur anders mit den Schattenseiten des Lebens um. Sie fragen nicht: »Warum ist ausgerechnet mir das passiert?« Sie akzeptieren Probleme als Teil ihres Lebens und packen die großen und kleinen Widrigkeiten des Alltags mit einer gehörigen Portion Zuversicht an. Wie das geht? Es ist ganz oft viel einfacher, als Sie denken!

> »Glück wird um seiner selbst angestrebt, während jedes andere Ziel – Gesundheit, Schönheit, Geld oder Macht – nur geschätzt wird, weil man erwartet, dass es glücklich machen wird.«
>
> *Aristoteles*

Selbst-Check: Sind Sie glücklich?

Glückspilz oder eher Pechvogel: Dieser kleine Test sagt es Ihnen. Entscheiden Sie, welche der Antworten am ehesten zutrifft.

0 = stimmt nicht   **1 = stimmt**

Wer einfach so in den Tag hineinleben kann, ist glücklich.	0	1
Wer viel Geld hat, hat auch viel Glück.	0	1
Wer viel unternimmt und für Abwechslung sorgt, ist glücklich.	0	1
Wer wenig riskiert, ist glücklich.	0	1
Wer viel arbeitet, hat viel Erfolg und ist glücklich.	0	1
Teure Dinge machen glücklich.	0	1
Glück kann man auf gewisse Weise doch kaufen.	0	1
Glücksmomente sind planbar.	0	1
Glück wird uns schon in die Wiege gelegt.	0	1
Glück, Geld und Gesundheit sind im Leben das Wichtigste.	0	1

Glücksjäger, Glückskäfer oder gar Glückspilz: Was verraten Ihre Punkte?

7 – 10 Punkte: Glücksjäger
Glück ist Ihnen wichtig. Sie streben mit allen Mitteln danach. Doch das Glück kann man nicht erzwingen. Manchmal ist weniger mehr – mehr Glück.

4 – 6 Punkte: Glückskäfer
Das Glück scheint Ihnen hold zu sein. Je weniger wir es erzwingen wollen, umso mehr kommt es von allein auf uns zu.

0 – 3 Punkte: Glückspilz
Sie sind tatsächlich Ihres Glückes Schmied. Sie wissen: Das Glück braucht nicht viel. Meist liegt es in den einfachen, alltäglichen Dingen.

1. Glück ist ganz einfach

Immer mehr Menschen machen die traurige Erfahrung, dass Erfolg, Ansehen und Besitz allein keine Garantie für Glück sind. Oftmals stellt sich diese Erkenntnis jedoch erst ein, wenn die Beziehung in die Brüche geht, sich kein echter Freund findet, der mit einem redet, und die Gesundheit nicht mehr mitspielt. Dabei könnte Glück so einfach sein: Wenn wir auf unsere *innere Stimme* hören, können wir erkennen, was wir wirklich brauchen, und das ist oft weniger, als wir glauben.

Zwei Autos, drei Fernseher, Schränke voller Designerklamotten. Wir haben alles im Überfluss. Und dennoch sind wir nur selten auch zufrieden. Doch: Wer unzufrieden ist, kann nicht glücklich sein. »Die Kunst, glücklich zu sein«, so der Philosoph Wilhelm Schmid, »liegt in der Beschränkung.« Zu viel von allem macht unglücklich. Wer zu viel mit sich herumschleppt, lässt dem Glück keinen Raum. Zu viel Besitz, zu viele Aufgaben, zu viel Rummel, all das bringt kein Glück, sondern verursacht Stress. *Weniger ist eben mehr* – mehr Glück.

2. Sagen Sie Ja zum Glück

Glück ist weder Zufall noch Schicksal. Jeder kann es finden! Kommen Sie Ihrem Glück auf die Spur. Finden

Brauchen Sie all die Dinge, die Sie sich wünschen? Genießen Sie, was Sie haben!

Sie heraus, was Sie ganz persönlich glücklich macht. Seien Sie offen für die vielen kleinen *Glücksmomente des Alltags.* Manchmal, aber leider nur manchmal, ist Glück ein Geschenk. Meist will es erobert werden. Also, machen Sie Ihr Glück! Lassen Sie sich von den nachfolgenden Glücktipps inspirieren:

Ein Termin für Ihr Glück

Auf der Suche nach dem großen Glück hetzen wir durchs Leben. Doch: Das bringt kein Glück, sondern Stress. Oft sind es scheinbar langweilige Dinge, die pures Glück bedeuten: das wöchentliche Tennisspiel oder der monatliche Stammtisch. Allein die Vorfreude auf diese liebgewonnenen Gewohnheiten macht uns glücklich. *Geben Sie dem Glück einen Termin,* und richten Sie Ihren Alltag so ein, dass es etwas gibt, worauf Sie sich in schöner Regelmäßigkeit freuen können.

Mut zur Gelassenheit

»Glücklich ist, wer vergisst, was doch nicht zu ändern ist.« Auch in dieser alten Volksweisheit steckt ein Fünkchen Wahrheit. Haben Sie *Mut zur Gelassenheit.* Seinem Ärger lautstark Luft zu machen mag manchmal befreiend wirken. Doch auf Dauer werden Sie so zum Sklaven Ihrer negativen Emotio-

nen. Und Wut ist kein guter Ratgeber. Nur mit kühlem Kopf können Sie die richtigen Entscheidungen treffen. Nehmen Sie die Dinge, die nun mal nicht zu ändern sind, hin. Wer gelassen ist, kann sein Leben mit Humor betrachten – und wer lacht, ist auf dem besten Weg, sein Glück zu finden.

Glück in Aktion

Einfach mal eine Zeit lang gar nichts zu tun, nur in den Tag hinein zu leben: Klingt gut! Macht aber auf Dauer nicht glücklich. Im Gegenteil: Über kurz oder lang versinken wir in Langeweile und sind alles andere als

> »Das Glück beruht oft nur auf dem Entschluss, glücklich zu sein.«
> *Lawrence Durrell*

glücklich. Denn nur, wenn unser Gehirn aktiv ist, ist es in der Lage, Glückshormone zu produzieren und so alle Weichen auf Glück zu stellen. *Werden Sie aktiv*, treiben Sie Sport, stellen Sie Ihre Wohnung auf den Kopf, oder ziehen Sie mit Ihren Freunden um die Häuser.

Glück ist zeitlos

Glücksforscher haben entdeckt, dass es einen direkten Zusammenhang zwischen unserem Zeitempfinden und unseren Glücksgefühlen gibt. In Momenten höchsten Glücks, auch *Flow* genannt, gehen wir völlig in unserem Tun auf – unser Denken, Fühlen und Wollen sind im Einklang. Zeit spielt dann absolut keine Rolle mehr.

Oft haben wir solche Flow-Erlebnisse beim Sport. Suchen Sie den Flow aber nicht nur in Ihrer Freizeit. Studien belegen, dass viele Menschen gerade bei der Arbeit Ihr Flow-Gefühl haben. Und zwar immer dann, wenn das Verhältnis von Herausforderung und eigenem Können in Balance ist. Wer sich über- oder unterfordert fühlt, kann keinen Flow erleben.

Egal, ob in der Freizeit oder im Job – für den Flow gilt: Konzentrieren Sie sich auf das Wesentliche und richten Sie Ihre gesamte Aufmerksamkeit auf das, was Sie gerade tun.

Glück ist »riskant«

Wer selten etwas wagt, minimiert das Risiko und lebt sicher ungefährlicher. Doch Psychologen haben herausgefunden: Immer auf Nummer Sicher zu gehen lässt Langeweile, aber keine Glücksgefühle aufkommen. Wer nie scheitert, kann nicht glücklich werden, denn ihm fehlt die Erfahrung der eigenen Stärke. Doch genau diese Erfahrung macht Mut und gibt Selbstvertrauen. Also: Riskieren Sie ruhig auch einmal etwas für Ihr Glück.

Das Glück in der Schachtel

Manchmal läuft einfach alles schief – Stress, Hektik und ein Terminkalender, der völlig aus den Fugen geraten ist. Da hilft nur eines: Packen Sie Ihr Glück in eine Schachtel! Sammeln Sie Ihre ganz *persönlichen Glücksbringer*: Fotos vom letzten Urlaub, Ihre Lieblingsnaschereien, den Brief von einem guten Freund … Kramen Sie immer, wenn Sie sich nicht gut fühlen, in Ihrer *Glücksschachtel*. So helfen Sie dem Glück auch an schwierigen Tagen ganz sicher auf die Sprünge.

Kapitel 11
Die neue Lust auf Langsamkeit

Schneller ist nicht immer auch besser – im Gegenteil! Kein Wunder also, dass der Ruf nach *Langsamkeit, Entschleunigung* und *Besinnung* immer lauter wird. Mittlerweile sind »Zeitlupen-Kurse« ein echter Renner, aber auch die Slow-Food-Bewegung oder der Verein zur Verzögerung der Zeit finden immer mehr begeisterte Anhänger. Und: Sten Nadolnys Bestseller »Die Entdeckung der Langsamkeit« hat längst Kultstatus erreicht. Nadolnys Romanheld, ein notorisch langsamer Zeitgenosse, beweist eindrucksvoll, dass sein angeborenes Schneckentempo kein Handicap, sondern eine unerschöpfliche Quelle von Energie, Stärke und Kreativität ist.

Im Zeichen der Schnecke

Der hektische Wettlauf mit der Zeit wird – so paradox es zunächst auch klingen mag – meist nicht von den Schnellen, sondern von den Gelassenen und Beharrlichen gewonnen. Eine Entdeckung, die immer mehr Menschen machen, allen voran die *Slobbies*. Die »Slower but better working people« halten nichts von Temposteigerung und Stechuhren. Mit *neuer Lust auf Langsamkeit* widersetzen sich Slobbies ganz bewusst ständigem Druck und exaktem Timing. Sie weigern sich, Geschwindigkeit als einziges Leistungskriterium zu akzeptieren, und versuchen, der Langsamkeit produktive und kreative Seiten abzugewinnen. Slobbies stehen dazu, wenn ihr Timer auch unverplante Seiten enthält. Ihnen kommt es überhaupt nicht in den Sinn, berüchtigten »Zeitdieben«, wie beispielsweise Meetings, Telefonaten oder Smalltalk, den Garaus zu machen. Dennoch oder gerade deswegen sind die Slobbies immer weiter auf dem Vormarsch – langsam, aber sicher. Denn: Was nützt die größte Zeitersparnis, wenn *Lebensqualität* und *Spaß* an der Arbeit zu kurz kommen?

1. Langsam, aber richtig!

Menschliche Arbeitskraft kann man nicht einfach durch Beschleunigung vervielfachen und steigern. Deshalb muss, wer in unserer High-Speed-Gesellschaft auf Dauer bestehen will, nicht schneller und härter arbeiten, sondern *besser mit seinen Kräften haushalten*. Der sinnvolle Umgang mit den eigenen Reserven hat also rein gar nichts mit Arbeitsunlust oder Ineffizienz zu tun. Denn: Langsamkeit führt nicht automatisch zu schlechteren Leistungen – genauso, wie viel Arbeit nicht unbedingt viel Erfolg verspricht.

Wir müssen lernen, zu entschleunigen,

während um uns herum alles immer schneller wird. Geduldige und entspannte Menschen sind nicht nur kreativer und haben mehr Spaß an ihrer Arbeit, auf lange Sicht sind sie auch wesentlich leistungsfähiger als ihre gestressten Kollegen.

Zwischen Gasgeben und Faulsein

Machen Sie es wie die Slobbies, *werden Sie langsamer, um richtig gut zu sein!* Das ist allerdings leichter gesagt als getan. Wie um alles in der Welt soll man sich ändern, wenn man sein ganzes Leben dazu angehalten wurde, sich zu beeilen? Und: Wer kann schon tun, was er will? Unser Tagesablauf wird meist von anderen diktiert: Um acht Uhr müssen wir im Büro sein, für zehn Uhr ist ein Meeting anberaumt, um elf haben wir einen Telefontermin …

> »Luxus ist, den Wecker nicht stellen zu müssen, weil man Herr über seine Zeit ist.«
> *Hans M. Enzensberger*

Aber: Es geht auch gar nicht darum, alles im Schneckentempo zu tun. Es geht um Balance, um die Fähigkeit schnell zu sein, wenn es nötig ist, und langsam zu sein, wann immer es möglich ist.

2. Leben Sie Ihr eigenes Tempo

> »Es ist an der Zeit auszuruhen, wenn Sie keine Zeit dazu haben.«
>
> *Sydney J. Harris*

Setzen Sie dem Tempowahn eine ausgewogene Mischung aus verschiedenen Geschwindigkeiten entgegen. Lassen Sie sich von den folgenden Tipps inspirieren, sich endlich einmal wieder *Ihre ganz eigene Zeit* zu nehmen:

Tempo und Termine

Manche Menschen blühen auf, wenn sie so richtig viel zu tun haben und ein Termin den nächsten jagt. Andere lieben es eher ein bisschen ruhiger. Nehmen Sie sich in den nächsten Wochen Zeit, um herauszufinden, was für Sie persönlich die *richtige Dosis* an Tempo und Terminen ist. Versuchen Sie, die Zahl Ihrer Aktivitäten auf Ihren Wohlfühl-Rhythmus abzustimmen.

Diät für Ihren Timer

Entschlacken, das tut nicht nur Ihrem Körper gut, sondern auch Ihrem Timer. *Canceln Sie unwichtige Termine*, wie völlig überflüssige Endlos-Meetings oder Netzwerktreffen, bei denen Sie doch nie gute Kontakte knüpfen. Sparen Sie sich die Zeit.

Langsame Routine

Ungeliebte Routineaufgaben wollen wir am liebsten ganz schnell vom Tisch haben. Deshalb erledigen wir sie allzu oft viel zu hektisch und oberflächlich. Die Folge: Die Fehlerquote ist enorm und am Ende muss alles noch einmal gemacht werden. Füllen Sie Formulare immer *ganz langsam* aus, schreiben Sie langweilige Tabellen *ohne Hast.* Sie werden sehen: Unterm Strich geht es so viel schneller!

Prinzip Zeitlupe

Wenn sich die Welt um Sie herum immer schneller dreht, dann hetzen Sie nicht einfach so mit. Schalten Sie bewusst um auf *Schneckentempo.* Schlendern Sie langsam durch U-Bahn-Gänge, Supermarkt oder Fußgängerzone und beobachten Sie gelassen das hektische Gewimmel. Setzen Sie sich in ein Café und tun Sie eine Viertelstunde gar nichts. So finden Sie wieder zu sich selbst und den wesentlichen Dingen des Lebens zurück.

STOPP!

Musik, Yoga, Gärtnern oder Wandern können uns helfen, unseren Rhythmus wieder zu finden und zu leben. Und: Wenn es wieder einmal ganz besonders stressig wird, dann hilft nur eines: Drücken Sie auf Ihren ganz *persönlichen Pausenknopf.* Halten Sie bewusst inne. Nehmen Sie sich eine Auszeit zum Nachdenken und Atemholen. Lassen Sie sich nicht von anderen hetzen. *Bestimmen Sie Ihr Tempo selbst!*

Kapitel 12
Der Weg zum Wesentlichen

Im antiken Rom war *Langsamkeit* ein echtes Statussymbol. Wer etwas auf sich hielt, bewegte sich gemessenen Schrittes. *Nur Sklaven waren in Eile.* Und heute? Heute machen sich freie Bürger zu Zeitsklaven, die gleichzeitig essen, E-Mails schreiben und im Fernsehen die Nachrichten verfolgen. Heute trinken wir Instantkaffee, benutzen Sekundenkleber und reisen in Hochgeschwindigkeitszügen.

Irgendwann können wir nicht mehr mit unserem eigenen Tempo Schritt halten. Überfordert, übermüdet, überlastet: *Wir haben die Balance verloren.* Die Balance zwischen den Dingen, die unser Menschsein erst ausmachen. Die Balance zwischen erfolgreichem Arbeiten, glücklichen Beziehungen, körperlichem Wohlergehen und innerer Orientierung. Unsere Zeit ist eben nicht nur zum hektischen Abhaken von erledigten Aufgaben und Terminen da. Zeit ist Leben.

Zeit mit Leben ausfüllen, Zeit auskosten – dazu möchte Sie *Noch mehr Zeit für das Wesentliche* anregen. Lernen Sie die vielfältigen Möglichkeiten, Eigen-Zeit zu leben, Zeitinseln zu schaffen, gelassen mit Zeitvorgaben umzugehen und das Tempo in Ihrem Alltag auch hin und wieder einmal zu drosseln.

Natürlich gewinnt man nicht von heute auf morgen

> Nicht vergessen: Weniger und langsamer ist manchmal viel, viel mehr.

»Noch mehr Zeit für das Wesentliche«. Das Wesentliche zu entdecken und zu leben, das schafft man nicht von der Hängematte aus. Das kostet eine Menge Energie. Es ist Chance und Verpflichtung zugleich – lohnend und anstrengend. Aber – und das ist es, was letztlich zählt –, wenn Sie *das Wesentliche* für sich gefunden haben, macht es unendlich glücklich.

Was aber ist das Wesentliche?

»Erkenne Dich selbst«, lautet die Inschrift über dem Apollotempel in Delphi. Kennen Sie sich selbst? Finden Sie es heraus. Haben Sie den Mut, ehrlich in Ihr Innerstes zu blicken und für sich zu entscheiden, was für Sie gut und richtig ist und was Sie verändern möchten. Stehen Sie zu sich selbst. Lassen Sie sich aber auch auf das Leben ein, und bleiben Sie offen für das, was es für Sie bereithält.

> »Der wahre Beruf des Menschen ist, zu sich selbst zu kommen.«
> *Hermann Hesse*

1. Zeit ist Leben

Wenn Sie das *Wesentliche in Ihrem Leben* aufspüren, dann haben Sie das Fundament für Veränderungen bereits geschaffen. Die Antriebsfeder für Veränderungen in unserem Leben ist Mut. Mut ist gefragt, wenn es darum geht, Entscheidungen zu treffen und eigenverantwortlich zu handeln. In Sachen Lebensqualität und Zeit bedeutet das: Sie selbst haben es in der

Hand, ob alles beim Alten bleibt oder ob Sie in Zukunft selbstbestimmt mit Ihrem Leben und Ihrer Zeit umgehen wollen. Es ist Ihre Entscheidung!

So paradox es zunächst vielleicht klingen mag, auch eine nicht getroffene Entscheidung ist eine Entscheidung: die Entscheidung, den Status quo beizubehalten oder die Dinge laufen zu lassen. Doch wir sollten die Zügel nicht einfach so aus der Hand geben und anderen oder gar dem Zufall die Entscheidung überlassen, was das Wesentliche für uns ist.

Nehmen Sie sich Zeit, und schreiben Sie auf, was Ihnen ganz persönlich wichtig ist – im Alltag, im Job oder auch in Ihrer Beziehung. Erstellen Sie Ihren ganz persönlichen Leitfaden für das Wesentliche.

Versuchen Sie das, was Sie für sich als wesentlich erkannt haben, umzusetzen. Geben Sie nicht auf, wenn das eine oder andere nicht auf Anhieb gelingt.

2. Machen Sie Ihr Leben leichter!

Auch sehr viele Kleinigkeiten ergeben doch niemals ein Ganzes. Nehmen Sie sich deshalb vor, alles, was Sie tun, mit ganzem Herzen zu tun. Fragen Sie sich: *Was motiviert mich?* Was macht mir Spaß? Was könnte ich anders machen? Worauf könnte ich ganz verzichten?

Einfach reduzieren

Zu viel von allem hindert uns daran, uns auf Veränderungen einzulassen. Zu viel Auswahl blockiert uns in unseren Entscheidungen. Das gilt für die Wohnung oder für Ihren Schreibtisch, ebenso wie für Aufgaben und Projekte. Sich von dem zu trennen, worin man sich nicht oder nicht mehr findet, ist ein einfacher, aber sehr wichtiger Schritt, sein Leben auf das Wesentliche auszurichten.

Entrümpeln Sie Ihre Kontakte

Füllen Sie Adressbücher nicht länger mit Überflüssigem – nach dem Motto: »Vielleicht könnte der oder die eines Tages doch noch wichtig für mich sein.« Haben Sie jemanden über zwei Jahre lang nicht kontaktiert, dann werden Sie es höchstwahrscheinlich auch in den nächsten Jahren nicht tun.

Halten Sie nicht länger an den unliebsamen Treffen mit anstrengenden Bekannten fest. Nehmen Sie keine Einladung an, von der Sie wissen, dass Sie eigentlich nicht hingehen möchten. Genießen Sie lieber die Zeit für sich selbst.

Lessness als Lebensprinzip

Schon Sokrates soll beim Gang über den Markt von Athen gesagt haben: »Ich sehe mit Freude, wie viele Dinge es gibt, die ich nicht benötige.« Machen auch

Gönnen Sie sich ein »Lessness«-Wochenende. Gehen Sie durch Ihre Wohnung und trennen Sie sich von allem, das Sie schon längst entsorgen wollten. Werfen Sie alles Überflüssige mit Lust und Leichtigkeit über Bord!

> »Verzicht nimmt nicht.
> Der Verzicht gibt.
> Er gibt die uner-
> schöpfliche Kraft
> des Einfachen.«
> *Martin Heidegger*

Sie *Lessness* zu Ihrem ganz persönlichen Lebensstil. Entscheiden Sie sich ganz bewusst, weniger zu wollen, dieses Wenige aber so richtig zu genießen. Denn: Je größer die Entbehrung, desto intensiver der Genuss.

Tun Sie sich Gutes!

Finden Sie heraus, was Ihnen Spaß und Freude macht, was Sie in vollen Zügen genießen können. Und: Gönnen Sie es sich auch! Erstellen Sie Ihre *geheime »Wohlfühl-Liste«* mit all den Dingen, die Ihnen guttun. Versuchen Sie, jeden Tag mindestens einen Punkt von Ihrer Liste »abzuarbeiten«. Lassen Sie keinen Tag verstreichen, ohne sich etwas Gutes zu tun.

3. Nehmen Sie sich wichtig!

Werden Sie ruhig ein bisschen eigen-sinnig. *Eigen-Sinn macht Spaß*. Eigen-Sinn hat auch rein gar nichts mit Egoismus zu tun und erst recht nichts mit Starrsinn. Wer eigensinnig ist, ist selbstbewusst und besinnt sich auf das, was ihm wirklich wichtig ist. Er bestimmt die Richtung seines Lebens selbst und weiß, dass er allein für sein Glück verantwortlich ist. Eine Lebenseinstellung, die heutzutage unter dem Begriff *Selfness* Schlagzeilen macht. Selfness hat nichts mit Egoismus zu tun. Es bedeutet, die Dinge selbst in die Hand zu nehmen statt zu warten, für Fehler geradezustehen statt sie anderen in die Schuhe zu schieben. Machen auch Sie Selfness zu Ihrem Lebensgefühl. Übernehmen Sie Verantwortung für sich selbst. Gestalten Sie Ihr Leben und Ihre Zeit.

Selfness ist nichts anderes als die entschiedene Umsetzung von Work-Life-Balance, als die konsequente Konzentration auf das Wesentliche. Selfness zu leben bedeutet, vorauszudenken, bewusst zu handeln, sich zu finden und ständig weiterzuentwickeln. Dabei sind Individualität, Eigenverantwortung und Flexibilität gefragt. Zur Eigenverantwortung gehört übrigens auch, nicht ständig erreichbar zu sein, sondern sich immer wieder zurückzuziehen – egal ob aufs Sofa oder auf die Decke am Baggersee. Wahre Selfness-Profis haben auch gar kein schlechtes Gewissen, wenn sie einmal rein gar nichts tun und einfach nur faul sind.

Ganz und gar nicht un-wesentlich!

»Ich hab ganz konsequent den ganzen Tag verpennt. Jetzt brauch ich sehr viel Ruhe, für Dinge, die ich heut nicht tue«, besingt Annett Louisan eine wohlige Faulheit.

Leider genügt den meisten von uns Freizeit, einfach freie Zeit nicht mehr. Wir haben Angst, etwas zu versäumen, und packen alle nur denkbaren Aktivitäten in unsere freie Zeit. Freizeit mutiert zur Aktivzeit. Beschäftigung und Betriebsamkeit werden zur hektischen Sucht. Doch Freizeit bedeutet Freiraum, Zeit zum Träumen und Nachdenken – Faulsein eben.

> »Diesen Sommer habe ich etwa zwei Monate gebraucht, um wieder nichts tun zu können.«
> *Carl Gustav Jung*

Das bringt Balance in zeitverplante Tage, verschafft uns Muße für Kreativität und gibt uns neue Kraft und Energie.

Also: Tun Sie doch öfter einfach einmal nichts! Verschwenden Sie ruhig einmal Zeit. Erleben Sie den Tag wie ein großes leeres Blatt. Morgens aufwachen und einfach noch liegen bleiben, nichts tun, keine Zeitung lesen, PC und Telefon bleiben ausgeschaltet. *Füllen Sie Ihre persönliche Freizeit mit scheinbar Un-Wesentlichem*: dem Frühstück im Bademantel zur Mittagszeit oder dem trägen Vor-sich-hin-Dösen auf einer schattigen Parkbank. Lösen Sie ein Bus-Ticket, und fahren Sie einfach so durch die Stadt.

Verbringen Sie Ihre Zeit – ohne Zielvorgabe – nur mit sich selbst. Das ist gelebte *Lebenskunst zwischen Muss und Muße.* So richtig faul zu sein hat nichts mit Trägheit zu tun. Es bedeutet, dass wir eigentlich etwas sehr Wesentliches tun, nämlich einfach zu leben.

Halten Sie inne. Übernehmen Sie die Verantwortung für Ihre Zeit, für Ihr Leben. Schaffen Sie Inseln der Langsamkeit. Langsamkeit hält die Hektik der Welt von uns fern und hilft uns, das eigene Tempo zu finden.

Entwickeln Sie ein Gespür für die unendlich vie-

Noch nie hatten wir so viel Freizeit wie heute. Wirklich freie Zeit haben wir allerdings nicht! Wir verwechseln Freizeitstress mit Erholung. Doch: Echte Erholung kann man nur finden, wenn man zur Ruhe kommt.

len zeitlichen Zwischenstufen. Den Weg dahin müssen Sie allerdings selbst erkunden, denn: Jeder Mensch und jeder Augenblick hat seinen ganz *eigenen Rhythmus*. Machen Sie sich – ganz langsam – auf den Weg, und finden Sie Ihr eigenes, angemessenes Lebenstempo. Nehmen Sie sich Zeit zum Leben.

Nehmen Sie sich »Noch mehr Zeit für das Wesentliche«!

Das Wesentliche – ein Dankeschön

Auch wenn nur mein Name auf dem Buchdeckel steht, so ist ein Buch doch niemals die Leistung eines Einzelnen. Deshalb möchte ich allen, die mich bei Noch mehr Zeit für das Wesentliche unterstützt haben, ganz herzlich Danke sagen:

Mein erster und ganz besonderer Dank gilt natürlich Ihnen, liebe Leserinnen und Leser. Ohne Ihr überwältigendes Interesse wäre Mehr Zeit für das Wesentliche sicher nicht zum Standardwerk für Zeitmanagement geworden. Und: Ohne Ihre vielfältigen Anregungen und Ihre ermunternde Motivation, meinen Longseller umfassend zu überarbeiten, würde es Noch mehr Zeit für das Wesentliche gar nicht geben.

Danke an den Goldmann-Verlag, an *Monika König* und *Miriam Vollrath,* für ihre Flexibilität und Unterstützung, das Buch noch einmal komplett neu überarbeiten und setzen zu lassen.

Großer Dank an *Ruth Riedel* und *Claudia Franz* von Coaching & More Ltd. für ihre inspirierende und intensive redaktionelle Begleitung dieses Buches und der Hardcover-Version, die dieser Ausgabe zugrunde liegt.

Danke an meine Agentin *Lianne Kolf* für ihr großes Engagement und ihre langjährige Verbundenheit.

Danke an meine langjährigen *Mitarbeiterinnen* der *Seiwert Keynote-Speaker GmbH*, die mir während des Schreibens den Rücken freigehalten und mir damit ermöglicht haben, Zeit für das Wesentliche – nämlich für dieses Buch – zu finden.

Last but not least möchte ich mich auch noch bei den *Bären* bedanken. Wie viele von Ihnen sicher wissen, liebe ich diese wunderbaren Tiere. Der Bär ist für mich ein fröhlicher Meister der Gelassenheit. Aber: Bären verkörpern nicht nur gelassene Ruhe, sondern auch Klugheit, Kraft und Ausdauer. Die bärigen Gesellen besitzen also jene Eigenschaften, die man braucht, um die Balance in seinem Leben zu finden und das Wesentliche zu entdecken.

Kleines ABC des Wesentlichen

ALPEN-Methode

Mit minimalem Aufwand viel Zeit für das Wesentliche gewinnen? Das ist gar nicht schwer, wenn man sich bei der Zeit-Planung an die bewährte ALPEN-Methode hält:

- A wie Aufgaben aufschreiben
- L wie Länge/Dauer abschätzen
- P wie Pufferzeiten reservieren
- E wie Entscheidungen treffen
- N wie Nachkontrolle

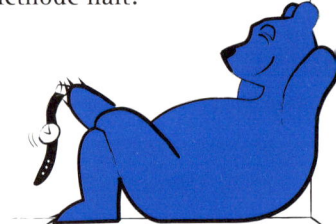

Aufschieberitis

Was ich heute könnt besorgen, das verschieb ich gern auf morgen! Das ist das Motto von allen, die unter der berühmt-berüchtigten Aufschieberitis leiden und dazu neigen, Aufgaben ewig vor sich herzuschieben. Aufschieberitis ist ein wahres Paradoxon: Man will es leicht haben, schiebt Unangenehmes auf die lange Bank und macht es sich dadurch nur noch viel schwerer. Denn: Aufgaben wachsen in dem Maße, in dem wir sie vor uns herschieben.

Balance

Der Schlüssel zum Wesentlichen, zu beruflichem Erfolg und einem erfüllten Privatleben, liegt in der ausgewogenen Balance zwischen den vier Bereichen, die unser Leben ausmachen: Arbeit, Körper, Beziehungen, Sinn. Um zum Wesentlichen zu gelangen, genügt es allerdings nicht, Berufs- und

Privatleben einfach nur terminlich aufeinander abzustimmen. Es geht um die Ausgewogenheit der verschiedenen Lebensbereiche. Es geht nicht um Quantität, sondern um Qualität, um Lebensqualität.

Bären

Bären sind nicht nur eine wundervolle optische Bereicherung für dieses Buch. Von den bärigen Gesellen können wir auch viel lernen. Bären stehen für Ruhe und Gelassenheit, aber auch für Kraft und Ausdauer. Sie wissen ganz genau, wann es gilt, alles zu geben, um an ihren geliebten Honig zu gelangen. Sie wissen aber auch, wann es an der Zeit ist, das süße Leben in vollen Zügen auszukosten.

Burn-out-Syndrom

Der Zustand totaler Erschöpfung und innerer Leere ist längst keine reine Managerkrankheit mehr. Es ist eine typische Erkrankung unserer modernen, schnelllebigen Zeit. Ausbrennen kann nur, wer auch brennt. Ausbrennen können nur engagierte Menschen. Sie sehen nur noch ihren Job, ihre Aufgaben und Pflichten. Doch irgendwann ist der Akku leer, das Feuer erlischt – nichts geht mehr!

Checklisten

Egal, ob Prioritäten, To-dos oder auch Einkäufe und Urlaub – Liste erstellen, hin und wieder ergänzen und aktualisieren, einen Blick drauf werfen und das Wesentliche fest im Auge behalten. Checklisten sind ein Meilenstein auf dem Weg zum Wesentlichen.

Delegieren

Wer nicht delegiert, geht nicht verantwortungsbewusst mit seiner Zeit um. Denn: Um sich auf das Wesentliche konzentrieren zu können, muss man loslassen und bereit sein, anderen Aufgaben und Verantwortung zu übertragen. Deshalb gilt im Beruf und auch im Privatleben: Möglichst alles delegieren, was man weder gut noch gerne macht.

Direkt-Prinzip

Das Direkt-Prinzip bedeutet nicht, einfach planlos loszuarbeiten, sobald irgendeine Aufgabe auf einen wartet. Es bedeutet, die Dinge ganz direkt und ohne lange Umwege anzugehen und bei jeder Aufgabe ganz klar zu entscheiden: erledigen, terminieren, delegieren oder ignorieren.

Dringlichkeitsfalle

Um sich auf das Wesentliche konzentrieren zu können, ist es hilfreich, zwischen wichtigen und dringlichen Aufgaben zu unterscheiden. So läuft man nicht Gefahr, in die Dringlichkeitsfalle zu tappen, denn: Wichtiges ist selten dringlich! Und: Nicht alles, was eilig ist, muss man selbst erledigen. Einiges kann delegiert werden. Manches ist bei näherer Betrachtung völlig überflüssig und muss erst gar nicht gemacht werden.

E-Mails

Kaum hat man eine E-Mail verschickt, kommt auch schon die Antwort vom anderen Ende der Welt zurück. Längst sind E-Mails zur kommunikativen Selbstverständlichkeit geworden. Keine Frage, dieses Kommunikationsmittel ist genial. Und dennoch: Ursprünglich dazu gedacht, Kommunikation zu beschleunigen, rangieren Mails auf der Liste der Zeitfresser und Energieräuber ganz weit oben.

Effektivität

Effektiv zu sein bedeutet, das Richtige zu tun. Wer sich auf das Wesentliche konzentrieren will, muss effektiv sein. Er muss sich auf die richtigen Dinge konzentrieren, denn auch ausgeklügelte Zeitpläne werden uns nicht weiterbringen, wenn wir uns mit unwichtigen Nebensächlichkeiten aufhalten. Zum Erfolg führt Effektivität allerdings erst in Kombination mit ➡ Effizienz.

Effizienz

Effizient zu arbeiten, heißt, die Dinge, die man tut, richtig zu tun. Effizient ist, wer ein gewünschtes Ergebnis mit geringstmöglichem Einsatz erreicht. Effizienz ist somit das optimale Verhältnis von Aufwand und Wirkung. Zum Erfolg führt Effizienz erst in der Kombination mit ➡ Effektivität. Es genügt nämlich nicht, die Dinge nur richtig zu tun. Denn wenn wir das Falsche richtig tun, dann bringt uns das nicht wirklich weiter.

Faultier

Unser inneres kleines Faultier ist ein wahrer Künstler im Nichtstun und Faulenzen. So verschafft es uns ganz besondere Momente des Müßiggangs und der Entspannung. Doch immer nur faul zu sein kann auf Dauer ganz schön langweilig

werden. Manchmal muss man sein kleines Faultier zähmen, um zum Wesentlichen zu gelangen. Der Schlüssel für ein erfülltes Leben liegt in der ausgewogenen Balance zwischen Arbeit und Faulsein.

Fifty-Fifty-Regel

Kluge Zeitplanung berücksichtigt auch Unvorgesehenes. Deshalb sollten wir uns an die bewährte Fifty-Fifty-Regel halten und keinesfalls mehr als 50 % unseres Tages verplanen. Reservieren Sie 50 % Ihrer Zeit für geplante Aktivitäten. Halten Sie die restlichen 50 % für unerwartete Aufgaben, Probleme, Zeitdiebe oder auch einfach nur für ein wenig Spontaneität und Kreativität oder einen netten Plausch mit Kollegen frei.

Glück

Balance bedeutet Glück. Nur wenn sich Arbeit und Privatleben im Gleichgewicht befinden, dann besteht Aussicht auf Glück. Kein Wunder also, dass das Thema Glück gerade in hektischen Zeiten wie diesen Hochkonjunktur hat.

Innere Uhr

Jeder Mensch hat seine eigene innere Uhr. Und: Jeder Mensch tickt anders. Jeder hat Zeiten, in denen er mehr Leistung bringen kann, und Zeiten, in denen er weniger zu leisten vermag. Wenn wir über der alltäglichen Routine den Takt unserer inneren Uhr ignorieren, verlieren wir viel Zeit und Energie. Zeitmanagement sollte deshalb immer im Einklang mit dem Takt unserer inneren Uhr sein.

Kiesel-Prinzip

Das bewährte Kiesel-Prinzip hilft Ihnen bei Ihrer Zeitplanung. Stellen Sie sich einfach einen Eimer vor. Legen Sie im Geiste zunächst die großen Kiesel, die für wichtige Prioritäten stehen, hinein. Machen Sie Ihren Eimer aber nur so voll, dass Ihnen noch genügend Platz für unwichtigere Dinge – als Kiesel und Sand – bleibt. Eine nach dem Kieselprinzip ausgerichtete Planung mit eindeutigen Prioritäten und ausreichend Raum für alles Wesentliche ist der Schlüssel für eine ausgewogene Zeit- und Lebensbalance.

Langsamkeit

Schneller ist nicht immer auch besser – im Gegenteil! Kein Wunder also, dass der Ruf nach Langsamkeit, Entschleunigung und Besinnung immer lauter wird. Wer in unserer High-Speed-Gesellschaft auf Dauer bestehen will, muss nicht schneller und härter arbeiten, sondern besser mit seinen Kräften haushalten. Wir müssen lernen, der Langsamkeit wieder Raum zu geben, während um uns herum alles immer schneller wird.

Meetings

Keine Tagesordnung, klaren Ziele und konkreten Ergebnisse: Studien belegen, dass 40 % der Zeit, die wir mit Meetings verbringen, einfach sinnlos vertan ist. Eigentlich dazu gedacht, die Produktivität der Unternehmen durch offene Kommunikation und effiziente Teamarbeit zu fördern, sind die meisten Besprechungen, kritisch betrachtet, eine ziemliche Zeit- und Geldverschwendung.

Nein-Sagen

Wer Zeit für das Wesentliche gewinnen will, muss Nein sagen können. Leider fällt ausgerechnet das den meisten von uns sehr schwer. Doch: Nein sagen kann man lernen, auch wenn das nicht immer einfach ist. Sagen Sie Nein, und geben Sie anderen nicht länger eine Blankovollmacht über Ihre Zeit.

Optimismus

Optimismus wirkt. Optimisten sind erwiesenermaßen erfolgreicher und glücklicher als ihre pessimistischen Zeitgenossen. Sie hadern nicht lange mit sich und dem Schicksal, sie verlieren sich nicht in Zweifeln, Wut oder Selbstmitleid. Optimisten denken in Chancen und Lösungen, nicht in Misserfolgen und Problemen.

Ordnung

Sichten, säubern, strukturieren – Ordnung befreit, gibt uns das Gefühl, die Dinge im Griff zu haben und verhilft uns so zu einer gehörigen Portion Gelassenheit. Wer seine Zeit in den Griff bekommen will, braucht Ordnung. Ordnung schafft Raum für das Wesentliche.

Pareto-Prinzip

Vilfredo Pareto hat im 19. Jahrhundert herausgefunden, dass 20 % der Menschen 80 % des Besitzes ihr Eigen nennen. Für unseren Umgang mit der Zeit bedeutet das: In 20 % der aufgewendeten Zeit erzielen wir 80 % der Ergebnisse. Finden Sie heraus, wo bei Ihnen die entscheidenden 20 % liegen, dann kommen Sie ganz schnell zum Wesentlichen.

Plus-Minus-Null-Regel

Der Wegweiser zum Wesentlichen. Denn: Je mehr wir uns aufbürden, desto schneller verlieren wir das Wesentliche aus dem Blick. Halten Sie sich deshalb an die Plus-Minus-Null-Regel: Egal, ob im Job oder im Privatleben – geben Sie immer, wenn Sie eine neue Aufgabe übernehmen, ganz konsequent eine alte Verpflichtung dafür ab.

Prioritäten

Wer seinen Tag, seine Woche oder auch sein Leben sinnvoll planen will, der muss sich entscheiden, was ihm wirklich wichtig ist, und ganz klare Prioritäten setzen. Erfolgreiches Zeitmanagement ist nichts anderes als konsequentes Prioritätenmanagement. Mit der ABC-Methode bekommen Sie ganz schnell Ordnung in Ihre Prioritäten. A-Prioritäten haben absoluten Vorrang, denn das sind Ihre wichtigsten und zugleich dringlichsten Aufgaben!

Salami-Taktik

Das beste Mittel, um Ziele und Projekte in die Tat umzusetzen. Der berühmte Philosoph und Naturwissenschaftler René Descartes wandte die Salami-Taktik bereits im 17. Jahrhundert an. Er wusste: Wer seine Ziele und Projekte in überschaubare Teilaufgaben und konkrete Aktivitäten zergliedert, der wird Erfolg haben.

Slobbies

Diese Abkürzung steht für »Slower but better working people« – langsamer, aber besser arbeitende Menschen. Slobbies wehren sich gegen die permanente Erreichbarkeit per Mail und Handy, und sie stehen dazu, wenn ihr Timer einmal nicht vor Terminen überquillt. Denn: Was nützt schließlich die größte Zeitersparnis, wenn Lebensqualität und Spaß an der Arbeit zu kurz kommen?

SMART-Formel

Die SMART-Formel bringt Sie auf Erfolgskurs. Mit ihrer Hilfe können Sie Ihre Ziele so formulieren, dass Sie sie auch erreichen werden, nämlich:

S wie spezifisch und ganz konkret

M wie messbar

A wie aktionsorientiert

R wie realistisch

T wie terminiert

Stille Stunde

Niemand muss immer und überall erreichbar sein oder für alles und jeden Zeit haben. Reservieren Sie sich eine »Stille Stunde«, in der Sie sich ungestört dem Wesentlichen widmen können. Notieren Sie Ihre Stille Stunde in Ihrem Terminkalender, und nehmen Sie diesen Termin genauso ernst wie eine wichtige Verabredung!

Stress

Immer mehr, immer schneller, immer besser – Stress gehört schon fast zum Alltag. Doch Stress ist immer eine Frage der Bewertung und der richtigen Dosis. Positiver Stress, Eustress genannt, wirkt äußerst anregend. Er hilft uns, Herausforderungen anzunehmen und setzt ungeahnte Kräfte frei. So kann Stress sogar Spaß machen. Allerdings darf es keinesfalls zum Dauerzustand werden. Dann macht Stress uns krank (Disstress). Grundsätzlich gilt: Je größer der Stress, desto wichtiger die anschließende Entspannung.

Vergleichzeitigung

Viele Menschen versuchen, dem allgegenwärtigen Zeitdruck zu begegnen, indem sie möglichst viel gleichzeitig machen: Telefongespräche bei Tempo 180 auf der Autobahn oder High-Speed-Internejt beim Mittagessen. Ob man sich unterhält, arbeitet oder sich vergnügt, eigentlich macht das keinen Unterschied – alles geschieht immer irgendwie gleichzeitig.

Vision

Visionen inspirieren uns, sie geben uns Kraft und helfen uns, auch das unmöglich Erscheinende möglich zu machen. Deshalb sollte jeder Mensch seine ganz persönliche Lebensvision haben, die ihm wie ein Leitstern den Weg zum Wesentlichen weist und ihn ans Ziel seiner Wünsche bringt. Glück und Erfolg sind kein Zufall. Sie stehen am Ende eines langen Weges, der immer mit einer Vision beginnt.

Werte

Werte sind der Leitfaden für all unser bewusstes oder unbewusstes Tun und Handeln. Lange Zeit spielte die Frage nach den Werten, die unserem Leben Sinn und Richtung geben, eine untergeordnete Rolle. Momentan vollzieht sich jedoch ein gravierender Wandel. Immer mehr Menschen rücken ein sinnerfülltes Leben auf ihrer Work-Life-Balance-Skala ganz nach oben.

Zeit

Zeit verrinnt kontinuierlich. Wir haben keinen Einfluss darauf. Zeit ist äußerst gerecht verteilt. Jeder von uns hat jeden Tag genau 1440 Minuten zur Verfügung: Niemand besitzt etwas mehr Zeit als die anderen. Im Gegensatz zu anderen Dingen kann man Zeit nicht anhäufen oder gar ansparen.

Zeitdiebe

Immer wieder schleichen sich Diebe in unser Leben, die uns heimlich, still und leise unsere Zeit stehlen. Die schlimmsten Zeitdiebe sind: Unordnung, fehlende Planung oder endlose Meetings und überflüssige Telefonate. Was man dagegen tun kann? Finden Sie heraus, wer oder was Ihnen Stunde um Stunde klaut. Begeben Sie sich auf die Suche nach der verlorenen Zeit.

Zeitmanagement

Zeitmanagement – eigentlich ist der Begriff ein Widerspruch in sich. Wir können »Zeit« überhaupt nicht »managen«. Deshalb ist auch chronischer Zeitmangel meist nur eine Täuschung. Eine Täuschung, die wir selbst aufgebaut haben, weil wir uns einfach zu viel aufbürden. Zeitmanagement ist in erster Linie Selbst- und Lebensmanagement. Denn: Wir müssen nicht unsere Zeit managen, sondern Verantwortung für unsere Lebensqualität übernehmen.

Ziele

Ziele entscheiden ganz wesentlich über Erfolg oder Misserfolg. Erfolg ist keine Frage von Talent, Intelligenz, Geld oder gar Glück – Ziele machen den Unterschied! Ziele wirken wie ein Kompass, der uns hilft, auch in schwierigen Situationen das Wesentliche nicht aus den Augen zu verlieren.

Register

Lesenswerte Literatur

1. Allgemeine Literatur zu Zeit- und Selbstmanagement

Ahlgren, Toni: (The Lazy Way:) **Organize Your Stuff.** New York: Alpha Books/Macmillan, 1999

Allen, David: **Wie ich die Dinge geregelt kriege.** Selbstmanagement für den Alltag. 4. Aufl. München und Zürich: Piper, 2006

Asgodom, Sabine: **12 Schlüssel zur Gelassenheit.** So stoppen Sie den Stress. 2. Aufl. München: Kösel, 2005

Baltes, Paul und Mittelstraß, Jürgen: **Zukunft des Alterns und gesellschaftliche Entwicklung.** Berlin und New York: de Gruyter, 2000

Bamberger, Christoph M.: **Besser leben – länger leben.** München: Knaur, 2006

Bauhofer, Ulrich: **Souverän und gelassen durch Ayurveda.** Mit 14-Tage-Antistress-Programm. München: Südwest, 2005

Baureis, Helga: **Wellness at Office.** 100 Tipps gegen Bürostress. München: Heyne, 2006

Buzan, Tony: **Das Mind-Map-Buch.** Frankfurt: MVG, 2002

Cheung, Awai: **30 Minuten für Business Qigong.** Offenbach: GABAL, 2006

Cook, Marshall: (Streetwise) **Time Management.** Get More Done with Less Stress by Efficiently Managing your Time. Madison, WI: Adams Media, 1999

Covey, Stephen R: **Der 8. Weg.** Mit Effektivität zu wahrer Größe. Offenbach: GABAL, 2006

Covey, Stephen R: **Die 7 Wege zur Effektivität.** Prinzipien für privaten und beruflichen Erfolg. Offenbach: GABAL, 2005

Covey, Stephen R.; Merrill, A. Roger und Merrill, Rebecca R.: **Der Weg zum Wesentlichen.** Zeitmanagement der vierten Generation. 5. Aufl. Frankfurt und New York: Campus, 2003

Davidson, Jeff: (The Complete Idiot's Guide to) **Managing Your Time.** New York: Alpha Books/Macmillan, 1999

Elkin, Allen: **Stress Management for Dummies.** Forster City, CA: IDG Books, 1999

Enkelmann, Claudia E. und Nikolaus B.: **Name-Power.** Nie mehr ein Nobody. Offenbach: GABAL, 2005

Enkelmann, Nikolaus B. und Tschernutter, Manfred: **Mehr als überzeugen.** Suggestivtechniken erfolgreich einsetzen im Berufs- und Privatleben. Wien: Linde, 2006

Eriksen, Thomas H.: **Immer schneller – immer mehr?** Balance finden zwischen Beschleunigung und Ruhe. Freiburg i. Br.: Herder, 2005

Etrillard, Stéphane: **Prinzip Souveränität.** Als souveräne Persönlichkeit sicher entscheiden und handeln. Paderborn: Junfermann, 2006

Fauteck, Jan-Dirk und Kusztrich, Imre: **Leben mit der inneren Uhr.** Wie die Chronobiologie unsere Gesundheit (...) beeinflusst. Berlin: Econ, 2006

Fink, Gerhard (Hrsg.): **Seneca für Gestreßte.** 5. Aufl. Frankfurt/Main: Insel, 2004

Fournier, Cay von: **Die 10 Gebote für ein gesundes Unternehmen.** Wie Sie langfristigen Erfolg schaffen. Frankfurt und New York: Campus, 2005

Fuchs, Helmut und Huber, Andreas: **Selfness.** Nehmen Sie Ihr Leben in die Hand. München: DTV, 2007

Gawain, Shakti: **Stell dir vor.** Kreativ visualisieren. Hamburg: Rowohlt, 2004

Geißler, Karlheinz A.: **Alles. Gleichzeitig. Und zwar sofort.** Unsere Suche nach dem pausenlosen Glück. Freiburg: Herder, 2004

Grillparzer, Marion: **Joker!** 100 Ideen und Rezepte für mehr Lebenslust, Gesundheit und Fitness. München: Gräfe und Unzer, 2006

Hill, Napoleon: **Denke nach und werde reich.** Die 13 Gesetze des Erfolgs. Kreuzlingen/München: Ariston/Hugendubel, 2006

Hirschhausen, Eckart von: Glück kommte selten allein… Reinbek b. Hamburg: Rowohlt, 2009

Hochschild, Arlie Russell: **Keine Zeit**. Wenn die Firma zum Zuhause wird und zu Hause nur Arbeit wartet. 2. Aufl. Wiesbaden: VS Verlag, 2006

Hohensee, Thomas: **Der Buddha hatte Zeit**. Der Weg zu einem Leben ohne Hektik und Stress. München: Lotos, 2005

Knapp, Thomas u.a.: **Burn-out.** Mutmacher für Chefs und Angestellte. Olten (CH): Textwerkstatt, 2006 (www.burn-out-buch.ch)

Koch, Richard: **Das 80/20 Prinzip**: Mehr Erfolg mit weniger Aufwand. 2. Aufl. Frankfurt und New York: Campus, 2005

Küstenmacher, Werner Tiki und Marion: **Love Your Life!** 100 Gründe, warum es sich lohnt zu leben. München: Knaur, 2006

Lenz, Hans: **Universalgeschichte der Zeit.** Wiesbaden: Marix, 2005

Löhr, Jörg; mit Pramann, Ulrich: **Einfach mehr vom Leben.** Anleitung für Glück und Erfolg. 5. Aufl. Augsburg: Edition Erfolg, 2006

Marthaler, Markus: **Life-Balance.** Wege zum inneren Gleichgewicht. Stuttgart: Kreuz, 2006

Mayer, Jeffrey J.: **Time Management for Dummies.** Forster City, CA: IDG Books, 1995

McCormack, Mark H.: **Getting Results for Dummies.** Forster City, CA: IDG Books, 2000

McGhee, Sally: **Take Back Your Life!** Using Microsoft Outlook to get organized and stay organized. Redmond, Wash.: Microsoft Press, 2005

Mischau, Anina und Oechsle, Mechthild (Hrsg.): **Arbeitszeit – Familienzeit – Lebenszeit:** Verlieren wir die Balance? Wiesbaden: VS Verlag, 2005

Murphy, Joseph: **Die Macht Ihres Unterbewusstseins**. Kreuzlingen/München: Ariston/Hugendubel, 2005

Nadolny, Sten: **Die Entdeckung der Langsamkeit.** München: Piper, 2003

Pajonk, Dirk: **Entspannt gewinnt.** Der Aktivplan vom Arzt, Zehnkämper und Stress-Coach. Hamburg: Murmann, 2005

Pohle, Rita: **Feng Shui für die Seele.** Acht Wege zur eigenen Mitte. Kreuzlingen/München: Ariston/Hugendubel, 2005

Reiter, Wilfried: **Speed-Management.** Die optimale Geschwindigkeit finden – das Leben gelassen und effektiv gestalten. Hamburg: Hoffmann und Campe, 2005

Roberts-Phelps, Graham: **Working Smarter.** Getting more done with less effort, time and stress. London: Thorogood, 1999

Rogak, Lisa: (Smart Guide to) **Managing Your Time.** New York: John Wiley, 1999

Rolus, Tania: **In Balance: Karriere, Familie, Freizeit.** Mehr Erfolg mit Work-Life-Balance. Weinheim/Basel/Berlin: Beltz, 2003

Roth, Susanne: **Einfach aufgeräumt!** In 24 Stunden mit der Simplify-Methode das Chaos besiegen: Frankfurt und New York: Campus, 2005
(auch als Online-Kurs unter www.orgenda.de)

Rovira Celma, Alex und Trías de Bes, Fernando: **Die Fortuna-Formel.** Wie Sie die Voraussetzungen für Ihr Glück schaffen. Kreuzlingen/München: Ariston/Hugendubel, 2004

Ruf, Kathrin: **Einfach gut!** Ohne Ballast durch den Alltag. Bindlach: Gondrom, 2005

Rush, Myron: **Brennen ohne auszubrennen.** Das Burnout-Syndrom – Behandlung und Vorbeugung. 2. Aufl. Asslar: Schulte & Gerth, 2002

Samel, Gerti: **Mehr Zeit – Mehr Glück – Mehr Leben.** Vom achtsamen Umgang mit jedem Augenblick. Gütersloh: Gütersloher Verlagshaus o.J.

Sator, Günther: **Business Energy.** Mehr Erfolg, Zeit und Geld durch geschicktes Energie-Management. Zürich: Orell Füssli, 2006

Spranger, Eduard: **Lebensformen.** Geisteswissenschaftliche Psychologie und Ethik der Persönlichkeit. München und Hamburg: Siebenstern, 1965

Stollreiter, Marc: **Aufschieberitis dauerhaft kurieren.** Wie Sie sich selbst führen und Zeit gewinnen. 2. Aufl. Heidelberg: mvg, 2006

tempus (Hrsg.): **Lebensbuch.** Von der Uhr zum Kompass. (A4-Ordner). Giengen: tempus, 2005 (www.tempus.de)

Tepperwein, Kurt: **Ihr Leben als Meisterwerk.** Die Tepperwein-Methode für Glück und Erfolg. Kreuzlingen/München: Ariston/Hugendubel, 2006

Walters, Jamie S.: **Big Vision, Small Business.** The Four Keys to Finding Success and Satisfaction as a Lifestyle Entrepreneur. San Francisco/CA: Ivy Sea, 2001

Weiss, Martin: **Quest.** Die Sehnsucht nach dem Wesentlichen. Paderborn: Junfermann, 2004

White, Jennifer: **Work Less, Make More.** Stop working so hard and create the life you really want! New York: John Wiley, 1999

Work-Life-Balance Expert-Group (Hrsg.): **Work Life Balance.** Leistung und Liebe leben. Frankfurt: Redline, 2004 (u. a. mit einem Beitrag von Lothar Seiwert)

2. Seiwert-Literatur

Friedrich, Kerstin; Malik, Fredmund und Seiwert, Lothar: **Das große 1x1 der Erfolgsstrategie.** EKS® – Erfolg durch Spezialisierung. 16. Aufl. Offenbach: GABAL, 2011

Küstenmacher, Werner Tiki; mit Seiwert, Lothar: **Simplify Your Life.** Einfacher und glücklicher leben. 16. Aufl. Frankfurt und New York: Campus, 2008 (auch als Hörbuch-CDs) (www.simplify.de)

Seiwert, Lothar: **Ausgetickt.** Warum wir Abschied vom Zeitmanagement nehmen müssen. München: Ariston, (erscheint September) 2011

Seiwert, Lothar: **Balance Your Life.** Die Kunst, sich selbst zu führen. 4. Aufl. München und Zürich: Piper, 2010

Seiwert, Lothar: **Das Bumerang-Prinzip: Mehr Zeit fürs Glück.** Life-Balance: Gesünder, erfolgreicher und zufriedener leben. 3. Aufl. München: Deutscher Taschenbuch Verlag (dtv), 2008

Seiwert, Lothar: **Das neue 1x1 des Zeitmanagement.** Zeit im Griff, Ziele in Balance. 33. Aufl. München: Gräfe und Unzer, 2011

Seiwert, Lothar: **Die Bären-Strategie: In der Ruhe liegt die Kraft.** 7. Aufl. München: Ariston, 2011 (auch als Hörbuch-CD, gelesen von Ilja Richter)

Seiwert, Lothar: **Simplify Your Time.** Einfach Zeit haben. Frankfurt und New York: Campus, 2010 (auch als Hörbuch-CDs)

Seiwert, Lothar: **Wenn du es eilig hast, gehe langsam.** Mehr Zeit in einer beschleunigten Welt. 15. Aufl. Frankfurt und New York: Campus, 2011 (auch als Hörbuch-CDs)

Seiwert, Lothar und Gay, Friedbert: **Das neue 1x1 der Persönlichkeit.** Sich selbst und andere besser verstehen mit dem DISG-Modell. 24. Aufl. München: Gräfe und Unzer, 2011

Seiwert, Lothar; Wöltje, Holger und Obermayr, Christian: **Zeitmanagement mit Microsoft Office Outlook.** Die Zeit im Griff mit der meist genutzten Bürosoftware. 8. Aufl. Köln: O'Reilly, 2011 (jetzt mit zusätzlichen Videolektionen im Web)

3. Social Media

Become a friend on Facebook: **Lothar Seiwert**
Follow me on twitter: **Seiwert** und **TimeTip**

3. Webadressen zum Thema

www.aktueller-rat.de (Kostenlose e-Newsletter)
www.coachingandmore.de (Bücher, Tipps und mehr)
www.einfach-organisiert.de (Der persönliche Organisations-Berater)
www.getabstract.com (Online-Bibliothek von Buchzusammen-
    fassungen)
www.itempus.com (Zeitplanung mit dem iPad)
www.orgenda.de (Selbstorganisation)
www.persolog.de (DISG-Persönlichkeitsmodell)
www.seiwert.de (Time-Management, Life-Leadership,
    Work-Life-Balance)
www.simplify.de (Einfacher und glücklicher leben)
www.simplifywork.com (Einfacher arbeiten – glücklicher leben)
www.strategie.net (Netzwerk von Strategieanwendern)
www.tempus.de (Zeitplansysteme und mehr)
www.zeitzuleben.de (Alles für ein aktives Leben)
www.ziele.de (Ziele erfolgreich erreichen)

SEIWERT-TIPP:

1 MINUTE FÜR 1 WOCHE IN BALANCE

Ihr persönliches Erfolgscoaching mit jeweils EINEM konkreten Tipp
zu den vier Lebensbereichen Job, Kontakt, Body & Mind.

Kurzer, knapper e-Newsletter mit praktisch umsetzbarem
Sofort-Nutzen (kostenlos, erscheint wöchentlich).
Zu abonnieren unter:

www.seiwert.de

Zum Autor

Prof. Dr. Lothar Seiwert, CSP
ist Europas führender und bekanntester
Experte für das neue Zeit- und Lebens-
management und wird in den Medien als
»Herr der Zeit« (Who's Who Europa Ma-
gazin), »Mr. Life-Balance« (Acquisa) oder
»Guru der Zeitlosen« (Bunte) bezeichnet.
Er ist Autor zahlreicher Bestseller wie

»*Das neue 1x1 des Zeitmanagement*« und »*Wenn du es eilig
hast, gehe langsam*«. Sein vorletztes Buch »*Die Bären-Strategie:
In der Ruhe liegt die Kraft*« wurde monatelang auf der SPIE-
GEL-Bestsellerliste geführt. Zusammen mit Werner Tiki Küstenmacher verfasste er den Weltbestseller »*Simplify Your Life*«.

Die Bücher von Lothar Seiwert wurden in über 30 Sprachen
übersetzt und haben sich weltweit über vier Millionen Mal
verkauft. Sowohl in den USA als auch in Frankreich wurde
er für das »Beste Wirtschaftsbuch des Jahres« ausgezeichnet.
Hunderttausende Teilnehmer seiner Seminar- und Vortrags-
veranstaltungen haben von ihm gelernt, besser und verant-
wortungsbewusster mit ihrer Zeit umzugehen.

Prof. Seiwert leitet die *Seiwert Keynote-Speaker GmbH*
in Heidelberg, die sich auf Time-Management, Life-Leader-
ship® und Work-Life-Balance spezialisiert hat. Der gefragte
Keynote-Speaker hält in Europa, USA und Asien Vorträge zu
diesen Themen in deutscher und englischer Sprache.

Für seine Leistungen erhielt Lothar Seiwert den Deutschen Trainingspreis, den Deutschen Strategiepreis und den Management-Strategie-Preis von FAZ und KPMG. In den USA wurde er als erster Deutscher mit dem Internationalen Trainingspreis der American Society für Training und Development (ASTD) ausgezeichnet. 2007 erhielt er für sein Lebenswerk den Life-Achievement Award und wurde in die German Speakers Hall of Fame® aufgenommen. 2008 und 2010 wurde er für seine exzellenten Leistungen als Business-Speaker mit dem Conga-Award geehrt. Im Herbst 2009 übernahm Prof. Seiwert das Amt des Präsidenten der *German Speakers Association (GSA)*. Im Juli 2010 wurde er in den USA mit dem höchsten und härtesten Qualitätssiegel für Vortragsredner, dem *CSP (Certified Speaking Professional),* ausgezeichnet.

Die persönliche Leidenschaft von Lothar Seiwert sind Bären. Die Ruhe und Klugheit dieser Tiere verkörpern für ihn Werte, die in unserer schnelllebigen Zeit zu kurz kommen. Bären vermitteln sowohl eine gehörige Portion Gelassenheit als auch die Power, die wir benötigen, um unser Leben aktiv zu gestalten.

info@seiwert.de

www.Lothar-Seiwert.de

Nutzen Sie das Wertvollste, das Sie haben: Ihre Zeit!

Lothar Seiwert
Noch mehr Zeit für das Wesentliche
Zeitmanagement neu entdecken
2 CDs, 150 Minuten, gelesen von Mark Bremer und Marianne Bernhardt
ISBN 978-3-7205-7001-5

Im hektischen Wettlauf mit der Zeit verlieren wir schnell den Blick für das Wesentliche – für das, was unser Leben mit Sinn und Freude erfüllt. Entdecken Sie mit Lothar Seiwerts Hörbuch das Zeitmanagement neu – nicht als Arbeitstechnik, um alles noch schneller zu erledigen, sondern als Wegweiser zu mehr Glück und Lebensfreude.

www.ariston-verlag.de
ARISTON

Die charmante Zeitmanagement-Fabel zum Hören

Lothar Seiwert
Die Bären-Strategie
In der Ruhe liegt die Kraft
1 CD, 80 Minuten, gelesen von Ilja Richter und dem Autor
ISBN 978-3-424-20037-9

Die Bären-Strategie ist das Erfolgsprogramm von Lothar Seiwert, »Deutschlands führendem Zeitmanagement-Experten« (*Focus*). Die Bären führen uns in der unterhaltsamen Fabel vor Augen, wie wir durch kluge Zeiteinteilung und bessere Lebensstrategien sinnerfüllt leben können. Gelesen von Ilja Richter und dem Autor gibt es die bärigen Tipps auch für unterwegs als Hörbuch.

www.ariston-verlag.de
ARISTON

Seiwert sehen, Seiwert hören, Seiwert erleben

Prof. Dr. Lothar Seiwert
„Er ist in der Szene der
Zeitmanagement-
Experten schlicht die
Größe."
Bild der Wissenschaft

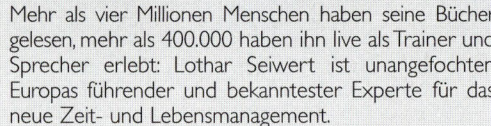

Mehr als vier Millionen Menschen haben seine Bücher gelesen, mehr als 400.000 haben ihn live als Trainer und Sprecher erlebt: Lothar Seiwert ist unangefochten Europas führender und bekanntester Experte für das neue Zeit- und Lebensmanagement.

Er gehört zum Kreis der „Excellent Speakers" in Europa und stand mit Bill Clinton auf der Bühne. Er ist mit über 50 Büchern, Videos und Audios einer der erfolgreichsten Sachbuchautoren Europas.

Sein bekanntestes Buch „Simplify Your Life" (mit Tiki Küstenmacher) ist zu einem weltweiten Megaseller in mehr als 30 Sprachen avanciert.

- Sie möchten das Original live auf der Bühne erleben?
- Ein impulsives Highlight für Ihren Event?
- Rednerische Höhenflüge zu einem Thema mit Tiefgang?

Wir informieren Sie gerne über:

☐ Faszinierende und inspirierende Vorträge mit „Deutschlands führendem Zeitmanager" (Focus)

☐ Offene Seminare zu Time-Management und Life-Leadership® mit Prof. Lothar Seiwert

Ein ausgezeichneter Redner

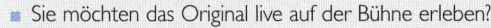

- Internationaler Trainingspreis „Excellence in Practice" der ASTD (USA)
- Benjamin-Franklin-Preis für das „Beste Business-Buch des Jahres"
- Management-Strategie-Preis von FAZ und KPMG
- Deutscher Trainingspreis des BDVT
- Deutscher Strategiepreis des Strategie-Forums e.V.
- Hall of Fame® der German Speakers Association (GSA)
- Life-Achievement-Award der Weiterbildungsbranche für das Lebenswerk
- Conga-Award 2008 für exzellente Leistungen als Business-Speaker

LOTHAR SEIWERT

**SEIWERT KEYNOTE-
SPEAKER GMBH
TIME-MANAGEMENT UND
LIFE-LEADERSHIP®**

**ADOLF-RAUSCH-STR. 7
D-69124 HEIDELBERG
FON: 07000-734 93 78
ODER 07000-SEIWERT
FAX: 0 62 21 / 78 77 22**

**E-MAIL:
B.AUE@SEIWERT.DE
WWW.
LOTHAR-SEIWERT.DE**